歴史は化学が動かした

人類史を大きく変えた12の素材

理学博士

齋藤勝裕

KATSUHIRO SAITO

歴史は化学が動かした
人類史を大きく変えた12の素材

齋藤勝裕

はじめに

人類の歴史は、素材との壮大な対話の記録と言えるでしょう。

その始まりは、人類をどう定義するかによって異なります。類人猿の出現を起点とすれば約五〇〇万年前、現生人類であるホモ・サピエンスの誕生を基準とすれば約二〇万年前、そして文化を持ったクロマニョン人の登場を指標とすれば約四万年前となります。

この長い歴史の中で、人類は周囲の自然物を巧みに利用し、加工する技術を発展させてきました。土や石、植物、金属などを素材として、道具や衣類を作り出し、火を使いこなすことで生存の可能性を広げていったのです。

これらの素材は、一見すると単なる自然物に過ぎませんが、実はすべてが分子で構成された化学物質です。

人類が火を使いこなすようになったことは、エネルギーを操る術を会得したことを意味し、これにより素材の加工技術は飛躍的に向上しました。

例えば、土を高温で焼成して土器を作り、鉱物を溶融して金属を抽出する技術は、人類の生活を大きく変えました。さらに金属を鍛造して武器や農具を作り、植物から抽出した成分を薬として利用するなど、化学的な知識と技術は人類の進歩に不可欠でした。

本書では、人類の歴史に大きな影響を与えた一二種類の素材に焦点を当てます。例えば、最古の道具である石器は、狩猟や農耕の発展に寄与し、金属の発見は文明を新たな段階へと押し上げました。現代社会を支えるプラスチックや半導体は、私たちの生活様式を根本から変革しました。

しかし、これらの素材がもたらした影響は、必ずしも肯定的なものばかりではありません。毒物は時として権力闘争や戦争の道具となり、化石燃料は私たちの生活を豊かにする一方で、地球温暖化という深刻な環境問題を引き起こしています。

本書を通じて、人類が多くの試行錯誤を重ね、時には大きな犠牲を払いながら、現代の豊かさを獲得してきた過程を追体験していただけることでしょう。それと同時に、現代の私たちが抱える諸問題を見つめ直す機会にもなるはずです。

なお、本書で取り上げる「素材」の中には、厳密には「製品」と呼ぶべきものも含まれています。例えば、ワクチンやプラスチック、原子核などがそれに当たります。しかし、これらの物質が現代では新たな製品の原料として使用されていることを考慮し、本書では広義の「素材」として扱うことにしました。

本書では、各素材の科学的な詳細説明は最小限に抑え、人類の歴史と化学の関連性に重点を置いています。そのため、科学的な予備知識を持たない読者の方々にも楽しんでいただける内容になっていると自負しています。より詳細な科学的解説をお求めの方は、私の他の著作をご参照ください。

最後に、本書の執筆にあたり参考にさせていただいた数々の文献の著者諸兄、そして本書の制作・販売に携わってくださったすべての皆様に、心からの感謝を申し上げます。

この壮大な人類と素材の物語を通じて、私たちの過去を振り返り、現在を見つめ直し、そして未来への指針を得る一助となれば幸いです。

二〇二四年六月

齋藤勝裕

目次

はじめに 3

第1章 デンプン 人類の繁栄を約束した素材

第2章 薬 人類を病苦から救った素材

第3章 金属 人類に機械を与えた素材

第4章 セラミックス 社会インフラを作った素材

第5章 毒物 人類史に影を落とした素材

第6章 セルロース 考える葦を芽吹かせた素材

第1章

デンプン

人類の繁栄を約束した素材

人間を含む動物は、日々食べ物からエネルギーを補給しています。当然、食べ物なしに生きていくことはできません。

食べ物にもいろいろありますが、そのうち、人間にとってエネルギー補給に最適な食べ物を「主食」と言います。

主食の素材は小麦、米、トウモロコシ、ポテトなどですが、いずれも主成分は「デンプン」です。

人類が今日まで歴史を紡いでくることができたのは、デンプンのおかげと言えるでしょう。

そこで本書では、デンプンから話を始めていくことにします。

1 生命活動を支えるエネルギー

人類ははるか昔、猿人だった頃から数百万年もの間、休むことなく活動を続けてきました。[1] この活動を支えてきたのが食べ物です。なかでも重要な役割を果たしてきたのが、デンプンを含む炭水化物です。デンプンは、人類の繁栄を約束した重要な素材です。

私たちは寝ている時でも、脳を使って夢を見たり、心臓を動かして血液を体中に送り、肺を動かして呼吸をしています。このように、臓器を動かすためにはエネルギーが必要で、そのエネルギーを生み出すための燃料が食べ物です。動物も植物も、目に見えない小さな微生物でさえ、生きるためにはエネルギーが必要であり、そのすべてを食べ物から得ています。

1／人類は約七〇〇万年前にアフリカで他の霊長類から分かれて進化したと考えられている。最も古い人類（猿人）の化石は、二〇〇一年にアフリカ中央部のチャドで見つかった頭蓋骨で、七〇〇万〜六〇〇万年前に生きていたと推定されている。脳の大きさはチンパンジー並で、現代の成人の三分の一以下だった。

体内で起こる化学反応

食べ物から得たエネルギーは、体内で起こる化学反応によって利用可能な形に変換されます。ここではその仕組みを紹介しましょう。

私たちが食べるご飯やパンなどの炭水化物には、デンプンが含まれています。このデンプンは、体内で消化酵素によって、より小さな単位であるブドウ糖（グルコース）に分解されます。分解されたブドウ糖は、体内の細胞にある「ミトコンドリア」という小さな工場で、酸素と反応し、ATP（アデノシン三リン酸）というエネルギーの通貨が作られます。ATPは、私たちの体が活動するために必要なエネルギーを供給する重要な物質です。例えば、筋肉を動かす時には、ATPが使われます。また、脳の活動や、心臓の拍動なども、ATPのエネルギーによって支えられています。つまり、消化酵素は、ブドウ糖を分解してエネルギーとして利用しやすい形に変える役割を果たし、そのブドウ糖からATPが作られることで、私たちの体の活動が支えられているのです。

発熱反応と吸熱反応

ブドウ糖と酸素の反応は、熱を発生させる「発熱反応」の一種です。暖房器具が部屋を暖めるのと同じように、発熱反応は体温を維持するのに役立ちます。[2]一方、アイスクリームが溶けるように、熱を吸収する反応もあります。これを「吸熱反応」と呼び、体温が上がりすぎるのを防ぐ働きがあります。[3]私たちの体内では、発熱反応と吸熱反応がバランスよく起こることで、健康が保たれているのです。

このように、デンプンなどの炭水化物が化学反応によって分解される際に化学エネルギーが解放され、私たちの体の活動を支えています。

2／この発熱反応は、体温を一定に保つ上で非常に重要な役割を果たしている。人間の体温が通常三六・五度前後に保たれているのは、体内の酵素が最も効率よく働ける温度だから。もし体温が大きく変動してしまうと、酵素が正常に機能しなくなり、健康に悪影響を及ぼす可能性がある。

3／例えば運動をしている時、体内ではブドウ糖を利用した発熱反応が盛んに行われ、熱が発生する。そこで、汗をかくことで体表面から熱を逃がす「吸熱反応」が起こる。汗が蒸発する際に熱を奪うことで、体温の上昇を抑えている。

2 太陽がエネルギーの源

それでは、私たちの体を動かすエネルギー源となるデンプンは、一体どのようにして生み出されているのでしょうか。実は、そこには植物の驚くべき能力が隠されているのです。

太陽エネルギーを貯蔵する仕組み

植物は、光合成という過程を通じて、太陽のエネルギーを炭水化物という形で貯蔵しています。光合成では、植物が太陽の光を浴びながら、空気中の二酸化炭素と水を原料として炭水化物を作り出します。この反応は、光エネルギーを吸収して進むため、「吸熱反応」に分類されます。

一方、私たちが炭水化物を食べると、体内の消化酵素によってそれらが分解され、代謝されます。この過程で、炭水化物は二酸化炭素と水、そしてエネルギーに変換されます。つまり、代謝は光合成の逆の過程といえます。私たちは、光合成によって植物が蓄えたエネルギーを、代謝を通じて取り出し、利用していることになります。[4]

エネルギーを巡る生命の競争

地球上には豊富な太陽エネルギーが降り注いでいますが、動物はこのエネルギーを直接利用することはできません。太陽エネルギーを利用して炭水化物を作ることができるのは、葉緑素（クロロフィル）を持つ植物だけです。そして、植物が作った炭水化物をウサギやシカなどの草食動物が食べ、その草食動物をライオンやオオカミといった肉食動物が食べるという食物連鎖を通じて、太陽エネルギーが生態系全体に行き渡ります。つまり、炭水化物は「太陽エネルギーの缶詰」とも言えるのです。

生き物たちは、この限られた太陽エネルギーを巡って、熾烈《しれつ》な競争を繰り広

4／光合成と代謝は反応式の上では逆反応の関係にあるが、実際には異なる酵素が関与しており、全く同一の反応ではない。

5／太陽エネルギーを巡る争いの例として、古代文明間の戦争や資源競争が挙げられる。例えば、古代メソポタミアやエジプトでは、肥沃な土地と水資源を巡る争いが頻繁に起こった。これらの文明は、太陽エネルギーを効率的に利用するための農業技術を発展させ、競争を有利に進めた。

6／産業革命では、石炭と石油の利用が急速に拡大し、これらの化石燃料が工業化の原動力となった。これにより、大規模な機械化と都市化が進み、人類の生活様式が劇的に変化

げています。植物同士の競争では、光を多く得るために高く成長しようとします。森林では、背の高い樹木が光を独占し、下層の植物はわずかな光を求めて適応を迫られます。動物間でも、ライオンがシマウマを追い、シマウマが必死に逃げるという捕食と被食の関係に代表されるように、エネルギーを巡る争いが見られます。

人類もまた、太陽エネルギーを巡る壮絶な競争の歴史を歩んできました。[5] 農業革命では、狩猟採集から農耕と牧畜へと移行することで食料生産が安定し、人口増加と文明の発展がもたらされました。しかし同時に、土地を巡る争いや貧富の格差も生まれました。産業革命では、化石燃料という形で蓄えられた太陽エネルギーを利用することで工業化と都市化が進みました[6]が、格差はさらに拡大し、争いは絶え間なく続いています。

このように、人類の歴史は、太陽エネルギーを巡る争いを延々と続けているといった側面があるのです。

した。化石燃料は、太陽エネルギーが古代の生物に蓄積され、それが長い年月を経て炭化したもので、現在も私たちの生活の基盤となっている。

3 炭水化物の魅力と危険性

炭水化物は料理によって様々な姿を見せる変幻自在な食材です。これは、加熱や粉砕、発酵などの調理過程によって、デンプンの糊化やタンパク質の変性などが起こり、味や食感が変化するためです。特にデンプンを含む料理は発酵の過程で新たな風味や栄養価が生まれることが多く、パンや味噌、醤油などの発酵食品[7]は世界中で親しまれています。

炭水化物の多様な姿

炭水化物は、三大栄養素の一つで、糖質と食物繊維から構成されます。糖質は体内でエネルギー源として利用されるのに対し、食物繊維は消化されずに体外に排出されます。糖質のうち、一般的に「砂糖」「果糖」「乳糖」と呼ばれる

7／パンの発酵は、酵母が小麦粉に含まれる糖を分解して二酸化炭素とアルコールを発生させることで起こる。二酸化炭素によってパン生地が膨らみ、アルコールは焼成時に蒸発する。味噌や醤油は、大豆に含まれるタンパク質が乳酸菌や麹菌などの微生物によって分解され、うま味成分であるアミノ酸が生成される。

ものが糖類です。

糖類は、ポリエチレンやナイロンと同じように「高分子化合物」と呼ばれます。高分子化合物は長いひも状の分子で、小さな単位分子が多数つながってできており、そのつながりは鎖に似ています。この小さな分子一つひとつを「単糖類」と呼び、一番シンプルな形の糖で、これ以上分解できない糖の「基本ユニット」です。代表的な単糖類には、ブドウ糖（グルコース）、果糖（フルクトース）、ガラクトースなどがあり、体にすばやく吸収されます。

単糖類が二つくっつくと「二糖類」になります。砂糖や麦芽糖、乳糖などが代表的な二糖類で、消化されると二つの単糖類に分解されて体に吸収されます。そして、単糖類が多数くっつくと「多糖類」になり、デンプンやセルロースなどがこの多糖類の仲間です。

炭水化物のうち、代表的なのが多糖類に分類されるデンプンです。デンプンは植物がエネルギーを蓄えるために作り出すもので、ジャガイモや米、小麦などに多く含まれています。

一方、同じ炭水化物の仲間であるセルロースは、植物の細胞壁を構成する成分で、木や草の硬い部分に多く含まれています。セルロースも分解されるとブドウ糖になりますが、人間の消化酵素では分解できないため[8]、エネルギー源として利用できません。代わりに、胃で消化されずに腸の健康を助ける食物繊維[9]として働きます。

食品の多様性はなぜ生まれるか

ところで、デンプンはなぜ、様々な食品に姿を変えるのでしょうか。

デンプンが多様な食品に変わる理由は、その構造と性質に関係しています。

デンプンは、アミロースとアミロペクチンという二つの成分からできています。

この二つの成分の比率が、デンプンの性質を決め、様々な食品に変わる要因となっています。

アミロースは直線的な分子構造を持ち、加熱してもあまり柔らかくならず、冷めると硬くなる特徴があります。一方、アミロペクチンは枝分かれした分子構造を持ち、加熱すると柔らかくなりやすく、冷めても硬くなりにくい性質を

8／牛、羊、馬などの草食動物はセルロースを分解できる特別な消化酵素を持っているため、セルロースをエネルギー源として利用している。

9／食物繊維は消化されない植物由来の成分の総称で、セルロースを含む様々な物質を指す。食物繊維の摂取は、消化器系の健康維持、血糖値の安定、コレステロール値の低下、体重管理、腸内フローラの改善など、様々な健康効果をもたらす。

10／パン作りでは発酵も重要な役割を果たし、酵母が糖を分解して二酸化炭素を発生させ、生地がふくらみ柔らかい食感を作り出す。また、発酵させずにインドのナンや日本の煎餅にする場合もある。

持っています。この性質の違いが、様々な食品の特徴に影響を与えています。

例えば、米について考えてみましょう。もち米は、ほとんどがアミロペクチンであるため、炊くと粘り気があり、冷めても硬くなりにくいです。お餅やおこわに使われるのがこのもち米です。対して、うるち米は一五~三〇%ほどのアミロースが含まれているため、炊くとサラサラした食感になり、冷めると硬くなりやすいです。普通のご飯や寿司に使われるのがこのうるち米です。

小麦粉は、含まれるタンパク質の量と質によって、薄力粉と強力粉に分けられます。薄力粉はタンパク質含有量が少なく、グルテンの形成が弱いため、ふんわりと軽い食感が特徴です。ケーキやクッキーなど、口溶けの良いお菓子作りに適しています。一方、強力粉はタンパク質含有量が多く、グルテンの形成が強いため、弾力性があり、もちもちとした食感が特徴です。パンやピザなど、しっかりとした歯ごたえのある料理に適しています[10]。

さらに、デンプンは加熱すると水を吸収して膨らみます。これにより、デンプンが柔らかくなり、粘り気が出るのです。この性質を糊化と言います。生のデンプンは水に溶けにくいですが、加熱すると水を吸収して柔らかくなります。

そして、加熱したデンプンを冷ますと、アミロースが再び結晶化して硬くなります。この現象が、デンプンが硬くなり、口当たりが変わる理由です。[11]

このように、デンプンの特性が食品の食感や調理特性に大きな影響を与えます。私たちが日々口にする多種多様な料理は、デンプンの性質を巧みに利用することで生み出されているのです。

炭水化物の毒性

炭水化物の性質が食の多様性を生み出す一方で、炭水化物を原料とする食品が健康に悪影響を及ぼすこともあります。

歴史上、炭水化物による健康被害の事例として知られているのが、中世ヨーロッパで流行した「聖アントニウスの業火《ごうか》」[12]です。この奇病は、麦角菌《ばっかくきん》に汚染されたライ麦を原料としたパンを食べた人々に発症しました。麦角菌とは、ライ麦などのイネ科植物に寄生する菌類で、麦角アルカロイドと呼ばれる毒素を産生します。[13] この毒素には、血管収縮作用や子宮収縮作用があり、大量に摂取

11／この特性は、フレンチフライやポテトチップスなど、冷めると固くなりカリッとした食感が楽しめる食品でよく見られる。冷えたご飯が硬くなる現象も同じ理由。

12／聖アントニウス（二五一頃〜三五六）は、キリスト教の聖人で修道士生活の創始者とされ、禁欲的な修行を行いながら悪魔の誘惑に打ち勝ったとされる人物。この病気の治療に優れていたのが聖アントニウス会の修道士たちであったためこのように呼ばれ、彼の信仰と治療の力を象徴するものとして認識された。

13／麦角菌の研究から生まれたのが、幻覚作用で有名なLSD（リゼルギン酸ジエチルアミド）。LSDによる幻

すると手足が焼けるように痛み、幻覚や異常行動を引き起こします。

麦角菌が産生する毒素は、中世の魔女裁判にも関連があったと考えられています。教会の記録を調べると、「聖アントニウスの業火」の患者が多かった年と魔女裁判が多かった年が一致していることがわかりました。これらの年は、夏が暑くて湿度が高く、麦角菌が繁殖しやすい環境でした。麦角菌に汚染されたライ麦のパンを食べた人々は幻覚や異常行動を引き起こし、その結果として魔女とされてしまったようです。

現代でも、カビに汚染された穀物を原料とした食品を食べることで、健康に悪影響が出ることがあります。カビが作り出す毒素には、デオキシニバレノールやアフラトキシンなどがあり、これらは体の抵抗力を弱めたり、がんのリスクを高めたりする可能性があります。

デオキシニバレノールは、フザリウムというカビが作る毒素で、主に小麦、トウモロコシ、大麦などの穀物に付着します。一方、アフラトキシンは、アスペルギルスというカビが作る毒素で、ピーナッツ、トウモロコシ、綿の種などに付着しやすいことが知られています。

覚作用は、主に脳のセロトニン受容体に影響を与えることで起こる。脳の視覚や感覚の情報処理が異常に刺激され、視覚や聴覚が歪んで見えたり、時間感覚が変わったりする。

このようなカビ毒を避けるためには、穀物や豆類を適切な方法で保管し、カビの生えたものを食べないようにすることが大切です。

過剰摂取の問題とグルテンフリー

炭水化物の過剰摂取は、肥満や生活習慣病のリスクを高めることが知られています。特に、精製された炭水化物（精白米、白い小麦粉、砂糖などを多く含む食品）は、急激な血糖値の上昇を引き起こし、インスリン抵抗性や糖尿病の発症につながる恐れがあります。これらの食品は、精製過程で食物繊維やビタミン、ミネラルなどが失われ、エネルギー密度が高いため、過剰摂取につながりやすいのです。

また、炭水化物の一種である小麦には、グルテンというタンパク質が含まれています。グルテンは小麦、大麦、ライ麦などに含まれるタンパク質の一種でパンやパスタなどの食品に弾力や粘り気を与えるものですが、近年、このグルテンを避ける「グルテンフリー」が注目を集めています。たしかにグルテンは、

14／セリアック病は、グルテンに対する免疫反応によって小腸が損傷する自己免疫疾患。グルテン感受性は、セリアック病ほど重篤ではないものの、グルテン摂取によって消化器症状や疲労感などを引き起こす状態を指す。

15／小麦は食物繊維、ビタミンB群、鉄分などを豊富に含む栄養価の高い食品。グルテンフリーダイエットを行う場合は、これらの栄養素を他の食品から補う必要がある。

セリアック病などの自己免疫疾患やグルテン感受性の原因となるため、これらの症状を抱える人は制限する必要があります。[14] しかし、安易なグルテンフリーダイエットは、小麦由来の炭水化物を他の炭水化物源で補うことになるため、かえって炭水化物の過剰摂取につながる恐れがあります。また、小麦は食物繊維やビタミン、ミネラルの重要な供給源でもあるため、これらの摂取不足も懸念されます。[15]

このように、炭水化物は食の多様性を支える重要な栄養素である一方で、適切に管理されないと健康に悪影響を及ぼす可能性があるので注意が必要です。

4

文明を育てた農業経済

二〇二二年に世界人口は八〇億人に達しました。[16] 二〇六〇年には一〇〇億に達すると予想され、その後の増加は落ち着く見通しですが、大幅な減少に転じることはなさそうです。となると、問題は食料をどうするかです。この狭い地球上で一〇〇億の人口を養うことができるかどうかという問題です。とはいえ、これまでの人類の歩みを振り返れば、私は「どうにかなる」と考えています。

採集経済

人類が誕生したころ、食べ物は地面に転がっていました。春にはやわらかい新芽が育ち、夏には甘い花が咲き乱れ、秋には芳醇な果実がたわわに実りました。これらの自然の恵みを拾ってきて食べていればよかったのです。川や海か

16／国際連合の「World Population Prospects 2022」に基づく。

らは魚が獲れ、たまには小動物を狩ることもでき、時には傷ついた大型獣にありつくこともできたでしょう。寒い冬は大変ですが洞穴にこもって毛皮をまとい、秋に拾い集めた食べ物を食べて辛抱すれば、やがてまた明るい春が巡ってきました。人類はこのような生活を何十万年も経験してきたのです。

このように、人類が農耕を始める前の時代、食料は狩猟や採集によって得られていました。これは、自然の恵みを直接利用する生活方式であり、季節ごとに移動することが多く、比較的平等な社会構造が特徴です。また、初期の道具の発展や芸術的な表現も見られました。

農業革命

しかし、人口が増えると採集経済だけでは社会が維持できなくなりました。窮すれば通ずるというのはいつの世でも同じです。

人類はやがて大地に穀物の種を撒《ま》くことを覚えました。穀物は春に種を撒けば秋には炭水化物のかたまり、エネルギー源のかたまりである炭水化物の穂を実らせます。炭水化物である一粒の麦は食べればそれだけですが、地に撒けば何万倍にも増加します。その甘い実を食べれば人々は飢えを満たすことができます。

もっとも、麦を撒いて増やすためには耕地が必要です。広大な土地を耕し、水を引いてこなければなりません。このような大土木事業を数人の人間で行えるはずはありません。大勢の人間の協力が必要です。やがて人々はまとまって団体や部族を形成しました。

団体が統一行動を行うためには全体の行動を指示する人物が必要です。部族長が現れ、その指示を伝達する人物が現れ、ということで、人々の間に階級が生じました。

部族は統合、離反を繰り返しながらも拡大を続けました。大きな部族ほど開拓に便利であり、他部族との統合における発言力も大きくなったからです。

このように、人類が狩猟採集生活から農耕生活に移行する過程で起きた一連の変化を「農業革命」と言います。農業革命により、人類は初めて安定した食料供給を実現しました。安定した食料供給、定住生活の開始、社会の階層化、

17／王を頂点とする国家の形成は、古代エジプトやメソポタミアで見られる。これらの文明では、神権政治が行われ、王は神の代理として崇拝された。例えば、古代エジプトのファラオは「生ける神」として君臨した。

18／個人の努力では埋めがたい貧富の差は、教育や機会の不均等から生じることが多い。例えば中世ヨーロッパの封建社会では、農民は教育を受ける機会がなく、貴族階級との経済的な格差が固定化されていた。

技術の発展など、農業革命がもたらした変化は多岐にわたり、その影響は今日に至るまで続いています。

国家・文明の登場

さて、部族が成長すれば国家となります。

国家はその頂点に王を戴《いただ》き、各種の階級を作って、人々の間の階級差を明示していきました。[17] 階級が上の者は食料の取り分も多いということから、階級差は貧富の差として現れました。貧富の差は人々の間だけでなく、国家の間にも生じました。富める国の民は裕福であり、富まざる国の民は貧しく、その差は個人の努力では埋めがたいものでした。[18] やがてこの差を武力によって解消しようとする動きも出てきました。しかし、このような戦いはほぼいつも富める国の勝ちに終わりました。ということで、富める国はさらに大きく、富まざる国は消滅するというパターンが繰り返されました。

このようにして地球上にはいくつかの大国、帝国、さらには文化圏が誕生し、その文化圏独特の文化の花を咲かせていったのです。[19]

戦争と農業生産性拡大の狭間で

しかし、文明や科学の発展は、喜ばしいことばかりではありませんでした。大量破壊や大量殺戮を引き起こし、その悲劇の度合いを強める結果を生みました。例えば戦争では、人類はそれまで使っていた硝石という天然酸素発生剤を使った天然爆薬を捨て、自分たちで開発した人工ニトロ化合物であるトリニトロトルエン（ＴＮＴ）を用いた高性能爆薬を使いました。ＴＮＴは、一八六三年にドイツの化学者ユリウス・ヴィルブランド（一八三九〜一九〇六）によって初めて合成された化学兵器で、比較的制御しやすく、高い安定性を持っています。[20]

このＴＮＴの開発に寄与したのが、「ハーバー・ボッシュ法」という化学肥料製造の技術です。ハーバー・ボッシュ法は、空気中の窒素を固定してアンモニアを合成する技術で、これによりアンモニアを大規模かつ効率的に生産する

19／文化圏の形成は、交易や戦争、移民などの要因によって進んだ。例えば、シルクロードはアジアとヨーロッパを結び、物資だけでなく文化や技術の交流も促進した。これにより、ペルシャ文化や中国文化が他地域に影響を与え、独特の文化圏が形成された。

20／第一次世界大戦や第二次世界大戦で広く使用され、砲弾、爆弾、地雷などの主要な爆発物として用いられた。

21／アンモニアは、窒素をたくさん含んでいる。窒素は、植物が大きく成長するために不可欠な栄養素で、窒素がないと植物は元気に育たない。

22／硝酸塩は、爆薬の製造において強力な酸

ことが可能になりました。この技術革新により、安価で大量の窒素肥料が供給されるようになり、農業生産性が飛躍的に向上したのです。[21]

一方でTNTも、ハーバー・ボッシュ法で生産されたアンモニアが使われています。アンモニアは硝酸に変換され、硝酸は硝酸塩の形で爆薬の原料としても重要だからです。[22]

以上のように、ハーバー・ボッシュ法とTNTの開発には、密接な関連があります。この関連は、化学技術が平和的な目的と軍事的な目的の両方に利用されるという側面を示しています。

化剤として機能し、ニトロ化合物の爆発反応を助ける。

5 「緑の革命」の光と影

第二次世界大戦後のアジアは、未曾有の食料危機に瀕しており、大飢餓の発生が懸念されていました。しかし、その危機を救ったのが「緑の革命」と呼ばれる農業革命でした。高収量品種の導入や化学肥料の大量投入により、穀物生産は飛躍的に向上し、食料危機を脱することができました。[23]

この功績により、アメリカの農学者ノーマン・ボーローグ博士（一九一四～二〇〇九）は一九七〇年にノーベル平和賞を受賞し、「歴史上の誰よりも多くの命を救った人物」と称えられ、「緑の革命」の父と呼ばれています。

「緑の革命」とは何か

第二次世界大戦後、多くの国々は戦争の傷跡から立ち直ろうと懸命でした。

23／日本も緑の革命に寄与する高収量品種の開発に貢献した。例えば、国際稲研究所（IRRI）で開発された高収量品種「IR8」には、日本の農業技術が影響を与えた。この品種は、インドやフィリピンなどでの米の生産性を飛躍的に向上させた。

24／背丈の低い小麦品種を育成することで、収量を増やしても倒れにくい作物を作り出した。

特にアジア諸国は、戦争による被害が大きく、食料不足に悩まされていました。一九五〇年代から一九六〇年代にかけて、世界的な人口爆発が起こり、医療技術の進歩により死亡率が低下した一方、出生率が高い水準で推移したためです。特にアジアや南米、アフリカなどの発展途上国では、人口増加が著しく、食料需要が急速に拡大しました。しかし、当時の農業技術では、この需要に応えることが困難でした。伝統的な農法では、限られた土地から十分な食料を生産することができなかったのです。

こうした状況の中、科学者や政策立案者たちは、食料問題の解決策を模索していました。そこで注目されたのが、品種改良と化学肥料の利用でした。品種改良により、より多くの収穫が得られる作物を開発することができます。[24] 化学肥料は、植物の成長を促進し、収量を増加させることができます。この品種改良と化学肥料の大量投入を組み合わせた農業技術の革新が、緑の革命と呼ばれるようになりました。

ボーローグ博士は、この革命の中心的な存在でした。博士は、小麦の品種改良に成功し、その技術を発展途上国に広めました。一九六〇年代から一九七〇年代にかけて、緑の革命はアジアや南米で大きな成果を上げ、特にメキシコやインド、フィリピンなどで、穀物生産が飛躍的に増加しました。これにより、深刻な食料不足の問題は緩和されたのです。

環境問題

しかし、緑の革命は「環境問題」という新たな課題も生み出しました。化学肥料や農薬の大量使用は、土壌や水の汚染を引き起こし、農業の工業化は、小規模農家の経済的な困窮を招くなどの社会問題も引き起こしました。

例えば、水田での魚の養殖が難しくなるという問題が発生しました。インドや東南アジアの多くの地域で、化学肥料や農薬が水路に流れ込み、大幅に水質が悪化したのです。これにより、淡水魚の生息環境が破壊され、伝統的な養殖業が大きな打撃を受けました。

さらに、土壌の劣化や地下水の汚染も大きな問題となりました。長期間にわたる化学肥料の使用は、土壌の自然な養分バランスを崩し、土壌の健康を損な

う結果を招きました。また、過剰な灌漑《かんがい》は地下水の枯渇を引き起こし、一部の地域では水不足の問題が深刻化しました

ボーローグ博士はこうした批判に対し、肥料や農薬の使用は食料増産に向けた「正しい方向ではあるが、世界をユートピアにするものではない」と述べ、環境問題への懸念も表明していました。一方で、環境保護を訴える人々に対しては、「西欧のエリートは空腹を知らない。もし彼らが途上国の現実を体験すれば、農薬や肥料の必要性を理解するだろう」と反論しました。この言葉は、途上国の現実を理解することの重要性を強調しています。

現代的な課題

緑の革命は、食料生産と環境保全のバランスという難題を私たちに突きつけました。今日、世界は持続可能な農業の実現に向けて、有機農業や環境に優しい農法の開発など、新たな挑戦を続けています。有機農業は化学肥料や農薬を使わず、自然の力を活用して作物を育てる方法です。これにより、土壌の健康

を保ち、生物多様性を守ることができます。また、アグロエコロジーというアプローチは、自然環境との調和を図りつつ、生産性を高めることを目指しています。

緑の革命は、単に食料生産を増やすだけでなく、農村社会の構造変化や都市化の進行、さらには国際的な食料供給チェーンの再編成にも影響を与えました。これにより、農村から都市への人口移動が加速し、都市部の労働力が増加する一方で、農村部の過疎化が進行しました。

緑の革命の教訓

このように、緑の革命は、科学技術が社会変革を引き起こす力を持つことを示すと同時に、その変革が持つ複雑な側面をも浮き彫りにしました。

技術革新がもたらす恩恵と同時に、予期せぬ副作用に対処するためには、継続的な監視と柔軟な対応が求められます。

例えば、環境への負荷を減らしつつ食料生産を維持するために、バイオテク

25／バイオテクノロジーは、生物学の知識と技術を用いて農業、生物医学、工業、環境保護など多くの分野で応用する技術。農業分野では、遺伝子組み換え作物や分子育種（遺伝的に優れた特性を持つ植物を選び出し、交配を行う技術）、バイオ肥料などの応用例がある。

26／精密農業は、ＩＴ技術を活用して効率を高めることで、主にＧＰＳやＧＩＳ（地理情報システム）、ドローン、ロボット収穫機、センサー技術の活用などがある。

ノロジー[25]（生物工学）や精密農業[26]の技術が今後さらに重要になるでしょう。これらの技術は、食料生産の効率を大幅に向上させると同時に、環境への負荷を減らす可能性があります。

将来的には、これらの技術を統合して、より持続可能でスマートな農業システムを構築することが期待されています。バイオテクノロジーと精密農業の融合により、食料安全保障の強化と環境保護の両立を目指しているのです。

第2章

薬

人類を病苦から救った素材

この世に生を受けた人類を苦しめたもの、それは怪我であり、病気でした。その痛みや苦しみは、時に生きる意味さえ見失わせるほどの絶望をもたらすこともありました。

しかし、人類は決して諦めませんでした。苦痛から解放され、健康を取り戻すための「薬」を求める探求は、希望の光を求める祈りのようでもあったのです。

薬は、神の恩寵とも称えられるほど、人々の生活に寄り添い、支えてきました。そして、薬の進化は、人類が文明を築き、今日まで発展を遂げる礎となったのです。

人類史を紡いだ功績を讃えるのに、この薬を忘れることはできません。

1 人類史における薬の役割

人類は自然の一部ですが、自然は必ずしも人間に優しくありません。人類は誕生以来、常に死の恐怖と隣り合わせでした。冬の寒さは人を凍えさせ、生きる気力を奪い、いつ襲ってくるかわからない病気は死の影そのものでした。また、食料を得るための狩りでは、獲物の反撃や怪我の危険が伴い、狩りをしなければ飢え死にが待っています。そんな人類を癒し、支え、救ってきたのが薬です。

薬とは、病気や怪我の治療、予防、あるいは症状の緩和を目的とした物質です。古代から現代に至るまで、薬は人類の健康と生存において欠かせない役割を果たしてきました。

薬には、自然界に存在する植物や鉱物、動物の成分から抽出されたものや、現代の化学技術を用いて合成されたものがあります。[1]

1／植物由来の薬には、ヤナギ由来の解熱鎮痛剤アスピリン、ケシ由来の鎮痛剤モルヒネ、ジギタリス由来の強心剤などがある。鉱物由来では硫黄が皮膚病治療薬として、動物由来ではインスリンやヘパリンが医薬品として利用されている。現代では医薬品のほとんどは化学技術を用いて合成されているが、「自然界に存在するもの」と「化学技術を用いて合成されたもの」は明確に区別できない。例えば、インスリンは現在では遺伝子組み換え技術を用いて合成されている。

薬との出会い、医学の誕生

古代の人々は、試行錯誤を繰り返しながら、様々な植物や鉱物の治療効果を発見してきました。これらの知識は、口伝えや初期の書物に記録され、次第に体系化されていきました。例えば、紀元前一七四〇年頃に編纂された中国の「神農本草経」[2]や、紀元前一五五〇年頃にエジプトで書かれた「パピルス文書」は、古代の薬草知識の集大成です。

薬だけでなく、献身的に治療にあたる人々も現れました。古代ギリシャの哲学者ヒポクラテス[3]（紀元前四六〇頃～三七〇頃）は「医学の父」と呼ばれ、近代ではナイチンゲール[4]（一八二〇～一九一〇）が看護の道を切り開きました。中世ヨーロッパでペスト（黒死病）が流行した際には、修道士たちが献身的なケアを行いました。修道士たちは薬草園を管理し、薬の調合や病人の看護を行っていました。これにより、薬草療法の知識が保存され、次の世代に引き継がれました。

二一世紀に入り、バイオテクノロジーや遺伝子工学の発展により、より効果的で副作用の少ない薬の開発が進んでいます。特定の遺伝子や分子にターゲッ

2／「神農本草経」には三六五種類の薬物が記載されていて、植物、動物、鉱物由来の薬物が含まれている。

3／ヒポクラテスは、病気の原因を自然現象として捉え、観察と経験に基づいた医学を提唱した。彼の医学思想は医療倫理の根幹を成すもので、医療従事者が患者に対してどのように接し、どのような行動をとるべきかを規定している。それは「ヒポクラテスの誓い」として現代にも受け継がれている。

4／ナイチンゲールは、クリミア戦争で負傷兵の看護を行い、衛生状態の改善によって死亡率を大幅に低下させた。彼女によって近代看護の基礎が築かれた。

トを絞った新薬の開発が進み、個別化医療が現実のものとなりつつあります。
新型コロナウイルス感染症（COVID－19）のパンデミックは、現代においても薬の開発と供給がいかに重要であるかを再認識させました。ワクチンの迅速な開発と普及は、科学技術と国際協力の成果です。

薬の種類

一口に薬と言っても、その種類は実に多岐にわたります。病気や怪我を治す薬はもちろん、病気の予防薬、肥満を抑える薬、美容を目的とした薬、さらには快楽を得るための薬まで存在します。人間の文明が発展し、生活が豊かになるにつれて、薬の種類も増加の一途をたどっています。
病気の多くは、細菌やウイルスなどの病原体によって引き起こされます。感染症、中毒症、化膿症などはその代表例です。これらの病気を根本的に治療するには、病原体を殺す薬、つまり殺菌剤が不可欠です。しかし、病原体にも様々な種類があります。食中毒やコレラを引き起こす細菌もあれば、新型コロナウ

5／細菌は、単細胞の微生物で、細胞分裂によって増殖する。一方ウイルスは、細菌よりもはるかに小さく、他の生物の細胞を利用して増殖する。ウイルスは、細胞を持たず、自己増殖能力もないため、生物と非生物の中間的な存在とされている。

6／病原体を直接撲滅できない病気の例としては、アレルギー疾患、自己免疫疾患、慢性疾患などがある。

7／これらの物質は、発見当初は麻酔薬としての利用は想定されておらず、化学実験の試薬や溶媒として利用されていた。しかし、その陶酔作用や麻酔作用が発見され、医学分野での応用が進んだ。一八四六年、アメリカの医師ウィリアム・

イルス感染症のようにウイルスが原因となる病気もあります。[5] ウイルスは生物ではないため、通常の殺菌剤では効果がありません。それぞれの病原体に合わせて、適切な薬を選ぶ必要があります。

病原体を直接撲滅できない病気[6]に対しては、患者の生命力を高め、症状を緩和する薬が用いられます。このような薬は、熱、咳、頭痛、心臓の不調、血圧の異常など、症状に合わせて多種多様です。例えば、熱には解熱剤、咳には咳止め、頭痛には鎮痛剤といったように、症状に合わせた薬が処方されます。これらの薬は、病気を治すというよりは、症状を抑え、患者が回復するまでの時間を稼ぐ役割を果たします。

怪我の治療には、消毒剤や殺菌剤、痛み止めなどが使われます。重症の場合は、手術が必要になることもあります。手術には麻酔薬が欠かせません。古代から中世にかけては、麻酔薬がないため、手術は非常に苦痛を伴うものでした。しかし、一九世紀にエーテルやクロロホルムなどの麻酔薬が発見されたことで、外科手術は飛躍的に進歩しました。[7]

医学の発展に伴い、健康を維持するための薬も登場しました。ビタミン剤、

T・G・モートンがエーテルを用いた公開手術を成功させ、麻酔の歴史における重要な転換点となった。その後、イギリスの産科医ジェームズ・ヤング・シンプソン（一八一一～一八七〇）がクロロホルムの麻酔効果を発見し、一八四七年に産婦人科手術に導入した。クロロホルムはエーテルよりも強力な麻酔作用を持つ。

ホルモン剤、精力剤、サプリメント[8]などがその例です。これらの薬は、栄養補給や体調改善を目的としています。古来より、食事は健康維持に欠かせない要素と考えられてきました。[9]薬膳料理や漢方薬などは、その代表例です。現代の健康食品やサプリメントも、この考え方を引き継いでいると言えるでしょう。

8／サプリメントは、ビタミン、ミネラル、アミノ酸など、栄養素を補給するための食品。しかし医薬品ではないため、効果や安全性が保証されているわけではない。

9／ヒポクラテスは、「汝の食事を薬とし、汝の薬を食事とせよ」という言葉を残している。この思想は現代の栄養学にも通じるもので、特定の食品に含まれるビタミン、ミネラル、食物繊維などの成分が、病気の予防や健康増進に役立つことが科学的に証明されている。

2 天然医薬品

古来より、人類は自然界の様々な物質を医薬品として利用してきました。動物、植物、鉱物など、あらゆる天然資源が、病気の治療や健康の維持に役立てられてきたのです。しかし、その歴史は、試行錯誤と偶然の連続でもありました。

鉱物系

水銀は古代から医療に使用されてきました。古代中国では、秦の始皇帝[10]（紀元前二五九〜二一〇）が不老不死を求めて水銀を摂取したとされています。また、古代ローマでも水銀は治療薬として使われ、その光沢と液体の特性から神秘的な力があると信じられていました。しかし、現代の視点から見ると、水銀は極めて毒性が高く、神経系や腎臓に深刻な害を与えることがわかっています。

10／中国史上初めて天下統一を成し遂げた君主であり、中国最初の皇帝。一三歳で秦王に即位し、法家の思想に基づく中央集権体制を確立し、度量衡や貨幣、文字の統一など、様々な改革を行った。万里の長城の建設など、大規模な土木事業も実施した。しかし、その強権的な政治手法や厳しい法制度は、民衆に多大な負担を強いたため、彼の死後に秦は短期間で崩壊し、戦乱の世を迎えることになる。

また金は古くから富の象徴であり、薬効があるとも信じられてきました。金を飲み物に混ぜて飲むことで、若さや健康を保つと信じられ、金の粉末を傷口に塗ることで治癒を促進すると考えられていたのです。中国では、金は「神仙薬」として、長寿や健康をもたらすと信じられていました。

このほかにも、硫黄が消毒や殺菌効果から皮膚病の薬や入浴剤として使用されたり、鉛を含む化合物が皮膚病の治療に使われたり、鉄を含む水を飲むことで鉄分を補給していたりと、古代の人々はこれらの鉱物を治療等に利用していました。現代の視点で見ると、鉱物はその組成や純度が一定でない場合が多く、毒性を持つものも多いため、そのまま医薬品として利用することは難しいです。[11]

植物系

植物は、古来より人々の健康を支える薬として、また時に牙を剥く毒として、複雑な関係を築いてきました。

例えば、美しい紫色の花を咲かせるトリカブトは、強心作用を持つ成分を含

11／鉱物はそのままでは医薬品として利用できないが、鉱物由来の成分を精製・加工したものが医薬品に使われることはある。例えば、リチウムは躁うつ病治療薬、バリウムは胃のX線検査の造影剤、ヨウ素はうがい薬や消毒薬、マグネシウムは便秘薬や制酸薬などに利用されている。

12／このほかにも、ニンジンは皮膚の黄変を引き起こし、キャベツは甲状腺機能低下症のリスクを高めることもある。また果物では、バナナは高カリウム血症を引き起こし、アボカドは肥満や脂質異常症に効く一方、グレープフルーツはある種の薬の副作用を増強させる可能性がある。これらの症状は極端な過剰摂取によるもので、通

み、少量であれば心臓病の治療薬として用いられます。しかし、その毒性は非常に強く、誤って口にすれば死に至ることもあります。まさに「毒にも薬にもなる」象徴的な存在です。

身近な野菜や果物も、過剰に摂取すれば体に悪影響を及ぼすことがあります。例えばホウレンソウに含まれるシュウ酸は、摂りすぎると尿路結石の原因となることもあります。[12] このように、植物の薬効と毒性は紙一重であり、適切な知識と利用法が求められます。

一方で、毒性を持たない植物は、私たちの健康を様々な形でサポートしてくれます。食物繊維を豊富に含む野菜や穀物は、腸内環境を整え、便秘を予防する効果があります。また、古くから伝わる薬草は、それぞれの持つ成分が、風邪や腹痛など様々な症状の緩和に役立ってきました。例えば、ショウガに含まれるジンゲロールは、体を温め、吐き気を抑える効果があり、葛根湯《かっこんとう》などの漢方薬に配合されています。[13] また、ドクダミは、その名の通り毒を抑える効果があるとされ、皮膚炎や腫れ物の治療に用いられてきました。[14]

キノコもまた、薬効を持つものが存在します。霊芝《れいし》や冬虫夏草《とうちゅうかそう》など[15]は、免

常の食生活では問題ない。

13／葛根（カッコン）をはじめ、麻黄（マオウ）、桂皮（ケイヒ）、生姜（ショウキョウ）、芍薬（シャクヤク）、大棗（タイソウ）、甘草（カンゾウ）の七種類の生薬から構成されている。発汗作用、解熱作用、鎮痛作用があり、頭痛、肩こり、寒気、発熱など風邪の初期症状に効果があるとされる。

14／ドクダミには強い抗菌作用や解毒作用があるとされ「毒を抑える」という意味の「毒矯め（ドクダメ）」が転じて「ドクダミ」になったという説と、独特の臭いから毒があると思われ「毒溜め」と呼ばれたものが変化したという説がある。

疫力を高める効果があるとされ、漢方薬として珍重されています。現代では、キノコの成分分析や薬理作用の解明が進み、新たな医薬品の開発にもつながっています。例えば、シイタケから抽出されたレンチナンは、抗がん剤として利用されています。

動物系

動物由来の成分を薬として用いることもありました。

例えば、古代エジプトのパピルスには、動物の臓器や排泄物を薬として用いる記述が見られます。古代中国でも、クマの胆嚢《たんのう》（肝）やセンザンコウの鱗など、様々な動物由来の成分が漢方薬として珍重されていました[16]。

近代に入ると、科学の発展に伴い、動物由来の成分から特定の薬効成分を抽出・精製する技術が確立されました。一九二〇年代には、ウシやブタのすい臓からインスリンが抽出され、糖尿病治療に革命をもたらしました。また、ウシやブタの組織からはヘパリン（血液凝固防止薬）、妊娠馬の尿からはプレマリン（女

15／霊芝や冬虫夏草は中国伝統医学において、滋養強壮、免疫力向上、抗炎症作用などがあるとされるキノコ。霊芝はマンネンタケ科のキノコで、β-グルカンなどの成分が免疫機能を活性化するとされ、健康食品やサプリメントとして広く利用されている。冬虫夏草は、昆虫に寄生するキノコで、コルジセピンなどの成分が研究されており、疲労回復や運動能力向上に効果が期待されている。

16／漢方薬では今でも動物由来の成分が使われている。例えば、牛黄（ごおう）は高熱や解毒に、龍骨（りゅうこつ）は精神安定に、亀板（きばん）は滋養強壮に、鹿茸（ろくじょう）は強精に、蟾酥（せんそ）は強心に用いら

性ホルモン補充薬）が作られ、広く利用されました。
しかし、動物由来の薬には、アレルギー反応や感染症のリスク、供給の不安定さなどの問題がありました。そのため、二〇世紀後半以降は、化学合成や遺伝子組み換え技術の発展により、動物由来の薬は徐々にその役割を終えつつあります。[17]

麻酔薬開発のパイオニア

天然の医薬品でぜひとも紹介しておきたい人物がいます。それは江戸末期に紀州（現在の和歌山県）で活躍した医師、華岡青洲《はなおかせいしゅう》（一七六〇〜一八三五）です。青洲は、朝鮮朝顔やトリカブトなどの薬草を組み合わせ、「通仙散」という全身麻酔薬を世界に先駆けて開発しました。
青洲の麻酔薬は、西洋医学よりも約四〇年も早く完成したと言われています。彼はこの麻酔薬を用いて、多くの乳がん患者を手術で救いました。青洲の功績は、日本の医学史における金字塔の一つと言えるでしょう。

れる。これらの成分は特定の治療効果を持つとされているが、環境保護と倫理的配慮から、使用には注意が払われている。

17／中国やアジアの一部地域では、サイの角やオットセイのペニス、コイの胆嚢などが精力剤や民間療法として食されることがある。しかしこれらは科学的根拠がなかったり、毒が含まれていたりして適さない。

3

偶然から生まれた抗生物質

微生物が生み出す化学物質の中に、他の微生物の増殖を抑えたり殺したりする物質があります。それが抗生物質です。かつて、感染症は人々の命を奪う最大の脅威でした。しかし、抗生物質の発見により、多くの感染症が治療可能となり、無数の命が救われてきたのです。

青カビが生んだ革命

青カビは、アスペルギルス属やペニシリウム属などのカビの総称です。これらのカビは、パンやチーズなどに生えることがあり、私たちの身近な存在と言えます。青カビは、胞子を飛ばして繁殖し、湿った環境を好みます。青カビの中には、毒素を生成するものもありますが、一部の青カビは、抗生物質を生み出すことで知られています。

一九二八年、アレクサンダー・フレミング（一八八一〜一九五五）は、実験室のシャーレに偶然混入した青カビ（ペニシリウム属）の周囲で、細菌が増殖しないことに気づきました。ペニシリンは、第二次世界大戦中に多くの兵士の命を救い[18]、戦後も感染症治療に多大な貢献を果たしました。青カビが生み出した化学物質が、人類史を変えたと言っても過言ではありません。

家康も使った？

抗生物質は、最新鋭の合成薬のように思われがちですが、実は微生物が作り出す天然物です。それを精製・加工して医薬品として利用しています。

興味深い話として、徳川家康がペニシリンを使っていたという伝説があります。家康が小牧・長久手の合戦で負った背中の腫れ物に、家臣が青カビを塗ったところ、たちまち治ったというのです。もちろん伝説の域を出ませんが、青カビが持つ抗菌作用を考えると、あながち嘘とも言えないかもしれません[19]。

18／ペニシリンは、戦場での感染症や外傷の治療に広く使用された。一九四一年、ファイザー社がクエン酸生産で培った技術を利用し、ペニシリンの生産と実用化に成功した。

19／ただし、実際に家康の体内に巣食った細菌を全滅させるほどのペニシリンが自然に生成される可能性は、極めて低いと考えられる。

抗生物質の仕組みと耐性菌の脅威

抗生物質は、細菌の細胞壁を破壊することで効果を発揮します。[20] ただし、全ての抗生物質が細胞壁を標的とするわけではありません。抗生物質には、細菌のタンパク質合成を阻害するもの（テトラサイクリンなど）や、ＤＮＡ複製を阻害するもの（キノロン系抗菌薬など）もあります。これらの抗生物質も、細菌特有の生命活動を狙うことで、選択的に細菌を殺すことができるのです。

また、大村智《さとし》博士（一九三五〜）が発見したアベルメクチンは、寄生虫に作用する抗生物質です。アベルメクチンは、線虫などの寄生虫の神経伝達を阻害することで、寄生虫を死滅させます。これは、アベルメクチンが寄生虫特有のイオンチャネルに結合することで起こります。アベルメクチンの発見は、感染症の原因が細菌だけでなく、寄生虫である場合もあることを示しました。[21]

このように人類を救ってきた抗生物質ですが、ウイルスには効果がありません。細胞壁がないためです。そのため、風邪のようなウイルス感染症の治療に

20／抗生物質は、細菌の細胞壁を構成するペプチドグリカンの合成を阻害することで、細菌を死滅させる。ペプチドグリカンは細菌特有の構造であり、ヒトの細胞には存在しないため、抗生物質は細菌のみを標的とできる。

21／アベルメクチンは、アフリカの風土病である盲目症の治療に大きく貢献し、大村博士は二〇一五年にノーベル医学・生理学賞を受賞した。

22／治療が困難な耐性菌に、メチシリン耐性黄色ブドウ球菌（ＭＲＳＡ）、バンコマイシン耐性腸球菌（ＶＲＥ）、多剤耐性結核菌（ＭＤＲ・ＴＢ）、カルバペネム耐性腸内細菌（ＣＰＥ）などがある。

は、抗生物質は使えません。また、抗生物質の不適切な使用や過剰使用は、耐性菌の出現を促すという新たな問題を生み出しています。

耐性菌とは、抗生物質が効かない細菌のことを指します。細菌は、突然変異や遺伝子の受け渡しによって、抗生物質に対する耐性を獲得することがあります。そのため、治療が困難になり、最悪の場合、命に関わることもあります。[22]

耐性菌の出現を避けるためには、抗生物質は本当に必要な時にのみ使用すること、そして新たな抗生物質の開発が、現在も重要な課題となっています。

4 化学合成薬品

西洋医薬品の特徴は、漢方薬のように天然物をそのまま用いるのではなく、化学合成によって作られる点にあります。その開発には、自然界の物質をヒントにしたり、全く新しい物質を生み出したりと、様々なアプローチが用いられています。

自然の模倣から生まれたアスピリン

古代ギリシャの時代から、医学者ヒポクラテスは、柳の樹皮から抽出される成分が痛みを和らげる効果があることに言及していました。同様に、東洋でも柳は古くから薬効を持つ植物として知られていました。一九世紀末、フランスの化学者が柳から抽出した成分「サリシン」を研究する過程で、解熱鎮痛作用

23／一八九七年、ドイツのバイエル社に勤務していた化学者フェリックス・ホフマン（一八六八～一九四六）が、サリチル酸の副作用を軽減するためにアセチル化を行い、アセチルサリチル酸（ASA）を合成した。「アスピリン」という名前は、アセチル（acetyl）の「A」と、サリシンを含む植物であるセイヨウシロヤナギ（Spiraea ulmaria）の「spir」に由来する。

を持つ「サリチル酸」が発見されました。しかし、サリチル酸には胃を荒らすという欠点がありました。

そこで、ドイツのバイエル社がサリチル酸を改良し、「アスピリン」という名前で商品化しました。[23] アスピリンは世界中で大ヒットし、特にアメリカでは絶大な人気を誇っています。

アスピリンは二〇世紀初頭に広く普及し、特に痛みや炎症の治療に使用されました。一九五〇年代以降、アスピリンの抗血小板作用が発見され、心血管疾患の予防や治療にも利用されるようになりました。一九七一年には、ジョン・ヴェイン（一九二七〜二〇〇四）がアスピリンの作用機序を解明し、プロスタグランジンの合成を抑制することを発見しました（この研究により一九八二年にノーベル生理学・医学賞を受賞）。

アスピリンの原料であるサリチル酸は、非常にシンプルな構造ながら、様々な薬効を持つ化合物の母体となっています。例えば、サリチル酸メチルは筋肉痛の塗り薬として、パラアミノサリチル酸は結核の治療薬として使用されています。

色素から生まれたサルファ剤

英首相のウィンストン・チャーチル（一八七四〜一九六五）を肺炎から救ったのはサルファ剤（スルホンアミド）という合成薬でした。ドイツの化学者ゲルハルト・ドーマク（一八九五〜一九六四）は、染料の研究中に、ある化合物が細菌に効果があることを発見しました。彼はその化合物を娘の敗血症治療に使い、見事に成功を収めました。

その後、ドーマクは同様の化合物を次々と開発し、「サルファ剤」と名付けました。サルファ剤は、第二次世界大戦中に多くの命を救い、ドーマクは一九三九年にノーベル医学・生理学賞を受賞しました（ナチス政権の圧力により、実際に受賞したのは戦後）。しかしその後、抗生物質万能の世の中になり、サルファ剤は用いられなくなりました。[24]

毒ガスから生まれた抗がん剤

24／サルファ剤は、抗生物質が登場する以前に広く使用された最初の効果的な抗菌薬だった。現在でも尿路感染症や火傷の感染予防に使用することがあるが、抗生物質に比べて抗菌力が弱く副作用も比較的多いため、他の抗生物質が優先される傾向にある。

25／イペリットの類縁体であるナイトロジェンマスタードが開発され、一九四二年に初めて白血病患者に投与された。これががん化学療法の幕開けだった。

第一次世界大戦では、化学兵器としてマスタードガス「イペリット」が使用されました。この毒ガスは皮膚に触れると水疱を形成し、激しい痛みと組織の壊死《えし》を引き起こす恐ろしい兵器でした。しかし、戦後の調査で、イペリットを浴びた兵士は白血病の発症率が低いことが明らかになりました。研究の結果、イペリットが、がん細胞などの細胞分裂を阻害する作用を持つことがわかったのです[25]。

この発見をもとに開発されたのが、「シスプラチン」などの抗がん剤です。これは現在も多くのがん種で使用される代表的な抗がん剤となっています。毒ガスという負の遺産から生まれた抗がん剤は、現在も多くの患者を救っています。

膨大な実験によって開発された抗梅毒剤

一五世紀のコロンブスによる新大陸発見は、ヨーロッパに梅毒をもたらしました。梅毒は、梅毒トレポネーマという細菌による感染症で、性器や皮膚に潰《かい》瘍《よう》を形成し、放置すると神経系や心血管系にも重篤な合併症を引き起こします。一九世紀には、ヨーロッパ中で梅毒が蔓延し、有効な治療法が切望されていました。

ドイツの化学者パウル・エールリヒ（一八五四〜一九一五）は、ヒ素化合物に着目し、梅毒の特効薬開発に乗り出しました。彼は、化学構造を少しずつ変えた数百もの化合物を合成し、動物実験で効果と毒性を検討する膨大な実験を繰り返しました。そして、一九〇九年、六〇六番目の化合物として、アルセノベンゾールを含む「サルバルサン六〇六」の開発に成功したのです[26]。

サルバルサン六〇六は、梅毒治療に画期的な効果をもたらしましたが、副作用も強く、のちにペニシリンに取って代わられました。

幻の不老不死薬

権力者による不老不死の追求は、古来より人類の歴史に深く刻まれています。中でも、中国では、水銀が不老長寿の薬になると信じられていた時代がありま

26／エールリヒはこの業績により、一九〇八年にノーベル生理学・医学賞を受賞している。彼の研究は、現代の医薬品開発や免疫学の基礎を築く上で重要な役割を果たしている。

27／方士とは、神仙術を操り、不老不死を得るための方法を追求したとされる技術者や呪術者のこと。方士たちが不老不死を実現するために作り出したとされる霊薬を丹薬（たんやく）と言い、水銀をはじめ、鉛、金、銀などの鉱物や、様々な薬草を原料として、複雑な手順と秘伝の技法によって製造された。

28／中国の歴代皇帝の中には、水銀中毒で命を落とした者が少なくない。漢の武帝（紀元前一四一〜八七）は、

した。

水銀は、常温で液体状態を保つ唯一の金属であり、その不思議な性質や銀白色の輝きは、古代の人々に神秘的な力を連想させました。秦の始皇帝は、不老不死の薬を求めて方士《ほうし》を全国に派遣したと言われています[27]。

しかし、水銀は強力な神経毒であり、服用すると重篤な中毒症状を引き起こします。慢性的な水銀曝露《ばくろ》は、手足の震えや言語障害、さらには精神症状を引き起こします。秦の始皇帝も、不老不死を求めて服用した水銀によって、四九歳の若さで亡くなったと言われています[28]。

水銀が不老不死の薬ではなく、猛毒であることが明らかになったのは、近代になってからです。一九世紀には、帽子職人が水銀を使った製造工程で中毒症状を呈することが知られるようになり、「狂える帽子屋」という言葉も生まれました[29]。現在では、水銀は環境汚染物質として厳しく規制されています。

不老長寿を求めて水銀を服用して精神錯乱に陥り、猜疑心が強くなって多くの人々を粛清したとされる。

29／水銀化合物を使ってフェルトを処理する過程で、水銀蒸気を吸い込み、神経障害や精神異常を発症するケースが相次いだ。この水銀中毒は、ルイス・キャロルの小説『不思議の国のアリス』に登場する帽子屋のマッドハッターのモデルになったとも言われている。

5 未来の薬

医薬品開発は日進月歩で進んでいます。二〇世紀には化学合成、放射線、そして二〇世紀末には遺伝子操作や人工幹細胞といった革新的な技術が登場し、医療と医薬品の未来を大きく変えました。

がん細胞を狙い撃ちする放射線治療

放射線は、高エネルギーの粒子や電磁波であり、大量に浴びると人体に有害です。しかし、この性質を逆手に取り、がん細胞に集中的に放射線を照射することで、がん治療に利用されています。

放射線が医療に使われるようになったきっかけは、一八九五年にドイツの物理学者ヴィルヘルム・レントゲン（一八四五〜一九二三）がX線を発見したこと

30／その功績により、一九〇一年に最初のノーベル物理学賞を受賞した。

31／放射線は、細胞のDNAに損傷を与え、細胞分裂を阻害することでがん細胞を死滅させる。

32／前立腺がんや子宮頸がんなどの治療に用いられ、体への負担が少ないという利点がある。

33／iPS細胞の正式名称は、「人工多能性幹細胞（英：induced pluripotent stem

に遡ります。[30] X線は、身体を傷つけることなく内部を透視できることから、すぐに医療分野で診断に利用されるようになりました。その後、放射線が細胞に与える影響が研究され、がん細胞を破壊する効果があることが明らかになり、治療への応用が始まりました。

放射線療法は、がん細胞だけでなく正常な細胞にもダメージを与えますが、がん細胞の方が分裂が活発なため、より大きなダメージを受けやすいという特徴があります。[31] 照射を複数回に分けることで、正常細胞への影響を抑えつつ、がん細胞を効果的に破壊することができます。

また、放射性物質を小さなカプセルに封入し、患部に埋め込む方法もあります。[32] これは、長期間にわたって放射線を照射するのと同じ効果が得られます。

iPS細胞

iPS細胞[33]は、山中伸弥《しんや》教授（一九六二〜）が開発した人工の万能細胞で、二〇一二年にノーベル医学・生理学賞を受賞しました。

cell)」。二〇〇六年、山中教授率いる京都大学の研究グループによってマウスの皮膚細胞から初めて作られた。「i」を小文字にしたのは、当時大流行していた米アップル社の携帯音楽プレーヤー『iPod』のように普及してほしいとの願いから。

私たちの体には、様々な細胞を生み出す「幹細胞」が存在します。その中でも、受精卵から作られる胚性幹細胞（ES細胞）は、あらゆる細胞になることができますが、倫理的な問題から利用が制限されています。[34]

そこで、皮膚や血液などの細胞から、胚性幹細胞のように様々な細胞になれるよう人工的に作り出したのがiPS細胞です。[35] iPS細胞を使えば、患者自身の細胞から病気や怪我で失われた組織や臓器を作り出し、移植することで、拒絶反応の少ない根本的な治療が可能になることが期待されています。

現在、iPS細胞を用いた再生医療の研究は世界中で進められており、パーキンソン病や脊髄損傷、網膜疾患などの治療への応用が期待されています。すでにiPS細胞から作られた網膜細胞を移植する臨床研究で一定の成果を上げていて、未来の医療を変える可能性を秘めています。

テーラーメイド医薬品

テーラーメイド医薬品とは、個々の患者の遺伝情報や体質に合わせて作られ

34／ES細胞は受精卵を破壊して作られるため、倫理的な問題が指摘されていた。一方iPS細胞は、受精卵を使わずに作ることができるため、倫理的な問題を回避できるという利点がある。

35／iPS細胞の作製には、山中因子と呼ばれる四つの遺伝子が重要な役割を果たしている。これらの遺伝子を導入することで、細胞は初期化され、様々な細胞に分化できる能力を獲得する。

36／ただし、テーラーメイド医薬品は、従来の薬に比べて開発コストが高く、保険適用外のものが多いため、患者の経済的負担が大きいという課題がある。

37／DNAはデオキシ

る、オーダーメイドの薬のことです。

従来の薬は、多くの人に効果があるように設計されていますが、効果や副作用には個人差があります。テーラーメイド医薬品は、個人の体質に合わせた薬を作ることで、より効果的で副作用の少ない治療を実現します。

特に、がん治療の分野では、個々の患者の遺伝子変異に合わせて薬剤を選択する「がんゲノム医療」が注目を集めています。がん細胞の遺伝子を解析し、効果が期待できる薬剤を特定することで、より効果的な治療が可能になります。

iPS細胞を用いて患者の細胞を培養し、その細胞で薬の効果や副作用を検証することで、より安全で効果的な薬の開発が可能になります。[36]

遺伝子治療

私たちの体は、二重らせん構造を持つDNA[37]という長い分子の中に設計図が書き込まれています。この設計図のうち、実際に体の情報が書かれている部分を「遺伝子」と呼び、体を作る上で非常に重要な役割を果たしています。

リボ核酸の略称で、アデニン(A)、チミン(T)、グアニン(G)、シトシン(C)の四種類の塩基が特定の配列で並ぶことで遺伝情報を構成している。

遺伝子を人工的に操作する技術を「遺伝子工学」と呼びます。遺伝子工学には、「遺伝子組み換え」と「ゲノム編集」という二つの方法があります。遺伝子組み換えは、異なる生物の遺伝子を組み合わせることで、新たな性質を持つ生物を作り出す技術ですが、予期せぬ影響が出る可能性があるため、日本では一部の農作物以外には使用が禁止されています。[38] 一方、ゲノム編集は、ある生物の遺伝子の一部を切り取ったり、並び順を変えたりする技術で、安全性が高く、医療分野での研究が進んでいます。

遺伝子治療とは、このゲノム編集の技術を使って、遺伝子の異常が原因で起こる病気を治療する方法です。病気の原因となる遺伝子を修復したり、排除したりすることで、病気を根本から治すことが期待されています。

科学の進歩と人間の尊厳

医療の進歩は、がんや遺伝子疾患といったかつては不治の病とされた疾患に治療の光をもたらし、人々の寿命を延ばし、生活の質を向上させてきました。

38／遺伝子組み換え作物は、害虫や病気に強い、栄養価が高いなどの利点があるが、生態系への影響や安全性に関する懸念から、日本では厳格な規制下にある。具体的には、食品安全基本法や食品衛生法、カルタヘナ法などの法律に基づき、遺伝子組み換え食品の安全性審査が行われていて、これらの審査を通過した遺伝子組み換え作物のみが、食品として輸入・販売が許可されている。日本では、遺伝子組み換え食品に対して厳格な表示義務がある。遺伝子組み換え作物を原材料に使用している場合、食品ラベルにその旨を記載することが義務付けられている。

39／医療技術の進歩によって生まれた新たな

しかし、その一方で、新たな倫理的な課題も浮き彫りにしています。

例えば、人工冬眠やクローン技術は、SFの世界の話ではなくなりつつあります。これらの技術は、寿命を飛躍的に延長したり、自分自身を複製したりすることを可能にするかもしれません。しかし、それは果たして人類にとって望ましい未来なのでしょうか。人間の尊厳や個性の価値、そして社会の在り方そのものが問い直される可能性があります。

医療は本来、病や怪我に苦しむ人々を救い、健康な生活を送れるように支援することを目的としています。しかし、技術が進歩するにつれて、その目的が曖昧になり、倫理的な境界線が揺らぎかねない状況も生まれています。[39]

iPS細胞などの再生医療は、臓器移植における拒絶反応の問題を解決し、多くの患者に希望を与える画期的な技術です。[40]しかし、同時に、生命の操作や人間の尊厳といった倫理的な問題にも直面しています。私たちは、医療技術の進歩と倫理的な配慮を両立させ、人間らしさを尊重する医療を築いていく必要があります。

39／倫理的課題の例として、安楽死や尊厳死の問題がある。

40／二〇一四年、理化学研究所のチームがiPS細胞から作製した網膜細胞を世界で初めて患者に移植する手術を行った。加齢黄斑変性という病気の治療を目的として行われ、手術は成功し移植された細胞は定着した。術後の経過も順調で、移植された細胞に対する拒絶反応や重大な副作用は報告されていない。

第3章

金属

人類に機械を与えた素材

人類は、その歴史を通じて、常に戦いと隣り合わせの存在でした。他の動物を狩り、時には同胞さえも手にかけ、その領土や資源を奪い合うことで、勢力を拡大してきました。

その戦いの歴史を語る上で、欠かすことのできない存在が「金属」です。

金や銀のように、その輝きで権力や富を象徴する金属もあれば、鉄のように、武器や道具となり、文明の発展を支えてきた金属もあります。

また、近代を開いた産業革命は、金属を素材とした機械によって牽引され、現代社会の礎を築きました。

中でも鉄は、今もなお私たちの生活を支える重要な素材であり、現代も「鉄器時代」の延長線上にあります。

1 貴金属の輝きが導いた人類史

人類史は、石器、青銅器、鉄器の時代へと移り変わってきました。この区分からもわかるように、金属は人類の歴史において重要な役割を果たしてきました。驚くべきことに、紀元前一五世紀に始まった鉄器時代は、現代においてもなお続いています。

金属の定義

地球上には約九〇種類の元素が存在しますが、そのうち金属元素は約七〇種類を占めています。[1] 金属は、熱や電気をよく通す性質（伝導性）を持ち、特有の輝き（金属光沢）を放ちます。また、引っ張ると細長く伸びる性質（延性）や、叩くと薄く広がる性質（展性）も持っています。[2] 例えば、一グラムの金は三キ

1／残りの約二〇種類は、水素、ヘリウムなどの非金属元素。

2／金属の伝導性や金属光沢は、金属結合と呼ばれる特殊な結合様式に由来する。また延性や展性は、金属原子が層状に並んでおり、力を加えても結合が切れにくいという金属結晶の構造に由来する。

3／金属光沢は、金属が光を反射する性質によって生じる。金属の種類によって反射する光の波長が異なるため、様々な色の光沢が見られる。

ロメートルもの長さの針金にすることができ、一万分の一ミリメートルの薄さまで広げることが可能です。金属光沢は、銀白色のものが多いですが、金のように黄色や、銅のように赤色の金属もあります。[3]

貴金属の特徴

金属は、様々な視点で分類されます。

最も一般的な分類は、金、銀、白金（プラチナ）などの「貴金属」と、それ以外の「卑《ひ》金属」に分ける方法です。貴金属は、その名の通り美しい光沢を持ち、化学的に安定していて錆びにくく、希少性が高いという特徴があります。

また、金属は比重によっても分類され、比重五以上のものは「重金属」、それ以下のものは「軽金属」と呼ばれます。[4]

近年では、産業上重要でありながら、国内での産出量が少ない「レアメタル（希少金属）」や、その中でも特に重要な「レアアース（希土類）」といった分類も注目されています。

4／比重は金属の種類によって異なり、その値は物質の密度を表す。例えば、鉄の比重は約七・八七、アルミニウムの比重は約二・七〇。この分類は便宜的なもので、例えばチタンは比重が四・五一だが、その特性から重金属に分類されることもある。

貴金属は、科学的には金、銀、プラチナに加え、ルテニウム、ロジウム、パラジウム、オスミウム、イリジウムの八種類を指します。しかし、宝飾品業界では、金、銀、プラチナに加えて、金と他の金属を混ぜて作られた合金であるホワイトゴールドも貴金属として扱われます。

ホワイトゴールドは、金の含有量によって価値が変わります。その含有量を表すのが「Ｋ（カラット）」で、24Ｋが純金、18Ｋは七五％、14Ｋは五八・五％の金を含んでいます。[5]

金の加工

金は希少な金属ですが、自然界に単体で存在するため、精錬技術が未発達な時代でも容易に入手できました。人類が最初に手にした金属だったかもしれません。多くの金属は空気中の酸素などと反応して錆びたり変色したりしますが、金は反応しにくく、地表でも純粋な状態で存在することがあります。[6] 例えば、砂金がその代表例です。

5／純金は柔らかすぎるため、宝飾品には不向き。そのため、他の金属を混ぜて強度や色調を調整した合金が用いられるのが一般的。

6／鉄などの金属は、空気中の酸素と反応して酸化鉄（錆）を形成する。一方で金は、化学的に非常に安定した金属で、酸やアルカリにも溶けにくい性質を持っている。

7／金の美しい輝きは、その高い反射率によるもの。金は可視光線のうち青を除いたほとんどを反射するため、金色に見える。

金は、砂金や自然金塊の状態でも美しく輝きます。[7] 古代の人々は、太陽の光を受けて輝く金を、太陽の化身と考えたのかもしれません。こうして、金は人々の心に畏怖と権威、尊敬の象徴として深く刻まれていきました。

金は柔らかいという特徴も持ち合わせています。純金は歯で噛むと変形するほどです。この柔らかさゆえに、金は加工が容易な金属でもあります。

金属の加工には、熱して溶かし型に流し込む「鋳造《ちゅうぞう》」と、叩いて形を作る「鍛造《たんぞう》」があります。金の鋳造には一〇六五度C以上の高温が必要ですが、鍛造は硬い石で叩くだけで、細く、薄く、あるいは大きく加工することができます。

古代の人々は、集落や部族を作り、その長は人々に自然金を収集させました。集めた金を鍛造することで、権威の象徴となる大きな金の像を作ることができたのです。こうして、金は部族の長の権威と、神聖な存在の象徴としての地位を確立していきました。

古代文明と黄金

金製品の登場は、紀元前六〇〇〇年のシュメール文明にまで遡ります。紀元前五〇〇〇年から紀元前三〇〇〇年頃には、現在のブルガリア近辺で文字を持たないトラキア人が高度な金の精錬技術を駆使し、「黄金文明」と呼ばれるほどの文明を築いていました。[8]

古代エジプトでは、ツタンカーメン王の墓から一一〇キログラムもの金製品が出土しており、その豪華絢爛さは世界を驚かせました。エジプトの金は主にナイル川から採取された砂金で、その採掘規模は、当時のファラオの絶大な権力を物語っています。紀元前二〇〇〇年頃には、鋳造、浮彫り、金箔、象嵌《ぞうがん》など、現代の金工芸で用いられる全ての技術がすでに完成の域に達していたと言います。ツタンカーメンの黄金のマスクは、正面は純度約九四%、側面は約七七%の金で作られており、三〇〇〇年後の日本の慶長大判（純度約六七%）と比べても、その純度の高さは驚異的です。[9] これは、古代エジプトの高度な精錬技術を証明するものです。

8／一九七二年には、彼らの集団墓地遺跡から数キログラムの黄金製品と精巧な王の仮面が発掘されている。

9／慶長大判は徳川家康が国内の経済安定と統一を図るために鋳造した高純度の金貨。主に恩賞および贈答用のものとして利用された。当時の日本の金貨の中で最も純度が高いものだった。

一方、ギリシャ美術といえば白い大理石の彫像や神殿建築を思い浮かべますが、パルテノン神殿は創建当時は全く異なる姿でした。破風の彫刻は極彩色に彩られ、要所には金箔が施され、金色に輝いていたと言います。さらに、神殿には高さ一〇メートルを超えるアテネ女神像が飾られており、その肉体部分は象牙、衣服部分は黄金でできていたと伝えられています。

錬金術の夢と現実

錬金術とは、卑金属を金や銀などの貴金属に変える技術のことです。古代エジプトやメソポタミアに起源を持ち、中世ヨーロッパで盛んに研究されました。領主や王侯は富と権力を求め、錬金術師たちはそれを利用して名声と富を得ようとしました。錬金術は、物質の元素構成が理解されていなかった時代に発展したため、科学的な根拠に基づかない試行錯誤が繰り返されました。

しかし、錬金術師たちの努力は無駄ではありませんでした。彼らは実験器具の開発や化学反応の観察を通じて、化学の基礎知識を築きました。

二〇世紀に入ると、キュリー夫妻の研究などにより、元素が変化することが明らかになりました。[10]現代では、原子炉で水銀に中性子を照射することで金を生成することも可能です。しかし、そのコストは莫大で、実用化には至っていません。

錬金術は見果てぬ夢となりましたが、その過程で生まれた知識や技術は、現代科学の礎《いしずえ》となっています。錬金術師たちは、夢のような目標に向かって努力を続けた、ある意味では真摯な科学者だったと言えるかもしれません。

他の文明と金

南米ペルーを中心としたアンデス山脈には、一万年前から高度なアンデス文明が栄えていました。しかし、文字を持たなかったため、その歴史の詳細は謎に包まれています。

紀元頃になると、アンデス各地で様々な文明が興亡を繰り返しました。そして一五世紀、インカ人が台頭し、周辺諸国を征服してインカ帝国を築き上げま

10／キュリー夫妻は、放射性元素の研究を通じて、元素が崩壊し、別の元素に変化することを発見した。二五五ページ参照。

11／フランシスコ・ピサロ（一四七〇頃～一五四一）率いるスペイン軍によるインカ帝国征服は、スペインに莫大な富と領土をもたらし、世界帝国としての地位を確立する上で決定的な役割を果たした。この時に、インカ帝国原産のジャガイモやトウモロコシ、トマトなどが、スペイン人によってヨーロッパに持ち込まれ、世界中に広まった。

12／奈良の大仏（東大寺盧舎那仏像）は、八世紀に聖武天皇の発願によって建立された日本最大の金銅仏。当時

した。しかし、ユーラシア大陸との交流がなかったため、彼らの文明は独特の発展を遂げました。

インカ帝国には文字や鉄器、火器はもちろん、車輪の概念すらありませんでした。しかし、その一方で、脳外科手術が行われていた痕跡があるなど、高度な医療技術も存在していました。特に、彼らの金細工技術は卓越しており、その精巧さと膨大な量の金製品は、世界を驚かせました。

しかし、一六世紀初頭、インカ帝国は未曾有の危機に見舞われます。スペイン人によって持ち込まれた天然痘が免疫のない先住民の間で急速に広がり、わずか数年でインカ帝国の人口の約半分が命を落としたとされています。一五三三年、皇帝アタワルパ（一五〇二頃〜一五三三）が処刑され、帝国中の金製品が略奪されました。こうして、黄金に彩られたインカ帝国は、あっけなくその歴史に幕を閉じたのです。[11]

アジアでも金は、その輝きから高貴で美しい金属として珍重されてきました。特に日本では、金は仏教美術や建築に積極的に用いられました。八世紀に建立された奈良の大仏は、全身が金で覆われ、金色に輝いていました。[12] 一二世紀

の日本は、疫病の流行や内乱など社会不安が広がっており、仏教の力によって国家を鎮護し、人々の心を安定させようとした。完成までに約八〇年を費やした。およそ四三七キログラムの金が使用され（現在の価値で五十数億円ほど）、陸奥国（現在の東北地方）で発見された金が大きく貢献したと伝わっている。

には岩手県に中尊寺金色堂が建立され、室町時代には金箔を内外に贅沢に使用した金閣寺（鹿苑寺《ろくおんじ》）が建てられました。[13] 江戸時代に入ると、金は小判として経済を支える重要な役割を果たしました。ただし、金貨が重視されたのは江戸を中心とする地域であり、大阪などの地域では銀貨がより重要視されていました。

中国でも、金は美術品や工芸品に用いられ、高い技術水準を誇っていました。北京の故宮博物院には、金製の茶碗や水差し、装飾品などが展示されており、当時の宮廷文化の豊かさを物語っています。

ベトナムやタイでは、金箔を仏像に貼り付けることが功徳を積む行為と考えられていて、黄金製の仏像が信仰の対象として大切にされています。

13／中尊寺金色堂と金閣寺の舎利殿には、それぞれ約二〇キログラムの金が使用されたと推定されている。

2 銅と青銅

青銅（ブロンズ）は、銅とスズの合金で、その名の通り、錆びると青緑色になります。これは「緑青《ろくしょう》」と呼ばれ、銅が酸化することで生成される物質です。しかし、本来は茶色に近い色合いであり、鎌倉の大仏と奈良の大仏の色合いの違いはその好例です。[14]

銅と青銅の性質と用途

銅は自然界に純粋な形で存在することがあり、古代の人々もその存在を知っていたと考えられます。しかし、銅は柔らかく、武器として使うには強度が不十分でした。そこで、他の金属と混ぜて合金にする必要がありました。

スズは融点が低いため、銅と一緒に加熱すると簡単に溶け、青銅が生まれる

14／鎌倉の大仏（高徳院大仏）は、露天に設置されているため青銅が酸化し、表面に錆（緑青）が生成されて青緑色になっている。一方、奈良の大仏（東大寺盧舎那仏）は、建物の内部に安置され外部環境から保護されているため、酸化が進みにくく、本来の青銅の色である茶色に近い色合いが保たれている。

ことがあります。青銅は紀元前三三〇〇年頃から広く利用されるようになりました。[15]

青銅は「ブロンズ」とも呼ばれ、銅とスズの混合割合によって、黒に近い茶色から金色、銀色に近い色まで、様々な色合いを表現することができます。また、銅よりも硬く、その硬度はスズの割合によって調整できます。そのため、武器、仏像、祭器など、用途に合わせて最適な硬さに調整することができました。

中国では、青銅を「良金」、硬いだけの鉄を「悪金」と呼んでいたと言います。これは、青銅が加工しやすく、様々な用途に使える柔軟性を評価していたためでしょう。

銅の合金は現代社会を支える素材

銅は、電気や熱をよく伝えるため、電線や調理器具などに広く利用されています。[16] また、他の金属との合金としても様々な用途があります。

代表的な銅合金である青銅は、現代では、一〇円硬貨や船舶のスクリューな

15／青銅器時代（紀元前三三〇〇年～紀元前一二〇〇年頃）には、メソポタミア、エジプト、インダス、黄河など、多くの古代文明が栄えた。この時代、武器や工具の製造が進歩し、青銅器が広く使われるようになった。日本では、縄文時代後期（紀元前二〇〇〇年頃～紀元前一〇〇〇年頃）から青銅器が使われ始めたが、本格的な青銅器文化は弥生時代（紀元前一〇世紀頃～紀元三世紀頃）に中国や朝鮮半島との交流が増えたことで発展した。弥生時代には、青銅器や鉄器の技術が伝わり、稲作農耕も始まった。

16／銅は電気抵抗が低いため、電気をロスなく伝えることができる。そのため、電線や電子部品など、電気伝導性

どに使われています。黄銅《おうどう》（真鍮《しんちゅう》）は、銅と亜鉛の合金で、五円硬貨や金管楽器、水道管などに使われています。その美しい金色と加工性の良さから、多岐にわたる分野で活躍しています。白銅《はくどう》は、銅とニッケルの合金で、五〇円や一〇〇円硬貨、抵抗器など、耐食性や強度が求められる場面で利用されています。洋白《ようはく》は、銅、ニッケル、亜鉛の合金で、五〇〇円硬貨や洋食器、医療器具など、その美しい銀白色と優れた加工性から、幅広い用途で重宝されています。

　このように、青銅をはじめとする銅の合金は、古代から現代まで、私たちの生活を支える重要な素材として活躍しています。

が重要な製品に広く利用されている。また熱伝導率が高く熱を効率的に伝達することができるため、熱交換器やヒートシンクなどに広く利用されている。

3 鉄と機械、日本刀

鉄は、反応性の高い金属です。空気中に放置すると酸化して酸化鉄である赤錆が発生し、最終的にはボロボロになってしまいます。酸化鉄や硫化鉄である鉄鉱石から鉄を取り出す製鉄には、大きなエネルギーが必要となります。

古代の製鉄

人類で初めて鉄を作り始めたのは、紀元前一二～一五世紀頃のヒッタイト族だとされています。彼らは鉄製の武器で周辺地域を征服しましたが、その繁栄は長くは続きませんでした。

その理由は、皮肉にも製鉄による環境破壊だったと考えられています。鉄鉱石から酸素を除いて（還元）鉄を取り出すには還元剤として大量の木炭が必要で、

17／気候変動や周辺民族の侵入、内紛など、複数の要因が複合的に絡み合ったと考えられ、諸説ある。

そのためには広大な森林を伐採しなければなりません。ヒッタイト族は、鉄生産のために森林を伐採しすぎた結果、国土が荒廃し、滅亡へと至ったと考えられています。[17]

日本にも、製鉄と環境破壊を暗示するような伝説があります。ヤマタノオロチ伝説です。この伝説は、製鉄のために森林が伐採され、自然災害を引き起こしたものの、温暖な気候のおかげで植生が回復したことを示唆していると考えられています。

一方、中国では、ヒッタイト族よりも早く鉄器の製造技術を知っていたにもかかわらず、鉄器時代への移行が遅れました。これは、中国製の青銅器が非常に優れた性能を持っていたため、鉄器の必要性が低かったためだと考えられています。

古代中国では、青銅を「良金」、鉄を「悪金」と呼んでいたほど、青銅器を重宝していました。もし中国が早くから鉄器時代に移行していたら、森林破壊が進み、黄河流域の環境がさらに悪化していたかもしれません。

このように、鉄は文明の発展に不可欠な素材である一方、その製造過程で環境に大きな影響を与えるという側面も持っています。鉄は、人類にとって両刃の剣と言えるでしょう。

現代の製鉄

現代の製鉄法は、一九世紀にスウェーデンで開発された「スウェーデン法」が主流です。[18] この方法は、溶鉱炉（高炉）の中で鉄鉱石とコークス（石炭を蒸し焼きにしたもの）を交互に積み重ね、下から加熱することで鉄を生成します。

コークスが燃焼すると一酸化炭素（ＣＯ）が発生し、このＣＯが鉄鉱石から酸素を奪い取って二酸化炭素（CO_2）に変化します。この過程で、鉄鉱石は還元されて純粋な鉄（金属鉄）になります。

しかし、この段階で得られる鉄は「銑鉄《せんてつ》」、また銑鉄を溶解して鋳型に流し込んで再加工したものは「鋳鉄《ちゅうてつ》」と呼ばれますが、いずれも炭素含有量が高いため硬くて脆く、そのままでは使い物になりません。[19] そこで登場するのが「転炉」です。転炉に溶けた鋳鉄を入れ、底から空気を吹き込むことで、炭素が燃

18／スウェーデンは豊富な純度の高い鉄鉱石と森林資源に恵まれ、古くから鉄鋼産業が盛ん。

19／銑鉄は、炭素含有量が二〜四％程度の鉄で、鋳物などの原料として用いられる。鋳鉄の炭素含有量は二〜四・五％程度。硬くて脆い性質を持つが複雑な形状の製品を作るのに適しており、機械部品や建築材料として広く利用されている。

焼して二酸化炭素として除去されます。これにより、炭素含有量が減少し、強くて柔軟性のある「鋼《こう》」が得られます。転炉という名前は、鋳鉄を鋼に転換させることから名付けられました。

このようなスウェーデン法により、現代社会を支える大量の鋼が効率的に生産されているのです。

機械を作った鉄

一八世紀半ばに起こった産業革命は、機械工業の開始により、それまでの自然エネルギーと木製道具による生産システムを、化石燃料と鉄製機械による大量生産へと変えました。この変革には、良質な鋼鉄の大量生産が不可欠でした。

従来の鋳鉄は炭素含有量が多く、硬いが脆いため、産業革命で必要とされる大規模なエネルギーに対応できませんでした。そこで、反射炉を用いて鋳鉄から炭素を除去し、強くて柔軟性のある鋼鉄を製造しました。

反射炉は、耐火レンガ製の部屋で鋳鉄を溶かし、別の部屋で石炭を燃やしてその熱を反射板で鋳鉄に伝え、炭素を燃焼させる仕組みです。一八八六年にパリのエッフェル塔が建設された当時は、反射炉に窓を設け、そこから棒を入れて人力で溶けた鉄をかき混ぜていました。このようにして作られた鉄は「錬鉄《れんてつ》」と呼ばれ、エッフェル塔も錬鉄製とされています。[20]

日本の伝統的精錬

日本の伝統的な製鉄法は、「たたら製鉄」と呼ばれます。これは、足踏み式の鞴《ふいご》である「たたら」を用いて炉に空気を送り込み、砂鉄や鉄鉱石を木炭で還元して鉄を得る方法です。

たたら製鉄では、炉の中に鉄鉱石と木炭を交互に積み重ね、三日間かけて加熱します。炉が冷めた後、生成された塊を「鉧《ずく》」と呼び、これを割って「玉鋼《たまはがね》」とそれ以外の部分に分けます。玉鋼は日本刀の材料として珍重され、その他の部分は叩いて炭素量を減らし、通常の鋼として利用されました。この工程を「鉧押《ずくお》し」と呼びます。

20／エッフェル塔は一八八九年のパリ万国博覧会のために建設された。約一万八〇〇〇個の鉄部品が使用され、二五〇万個の鋲で接合されている。

もう一つの製鉄法として、「鉧吹《けらぶ》き」または「たたら吹き」と呼ばれる方法があります。この方法は、職人技に頼る部分が多く詳細は不明ですが、鉄鉱石を四日間加熱し、最終日に高温にして炭素を除去することで、一度に良質な鋼を得ることができます。しかし、温度管理が難しく、職人は炉に開けた小穴から内部の様子を覗いて温度を判断していました。そのため、多くの職人が晩年に失明したと言われています。

たたら製鉄は、日本刀の製造に欠かせない玉鋼を生み出すだけでなく、日本の鉄文化を支えてきた重要な技術です。しかし、近代的な製鉄法の登場により、その役割を終え、現在では限られた地域で伝統技術として継承されています。

美と機能を追求した鉄の芸術

日本刀は、「折れず」「曲がらず」「よく切れる」という、一見矛盾する三つの特性を兼ね備えた、まさに鉄の芸術品です。これらの特性を実現するためには、刀身が「柔らかく」「硬く」ある必要があります。

この矛盾を解決するために、日本刀は独自の構造と製造技術を編み出しました。刀身の外側には硬い鋼を、内側には柔らかい鋼を使い、さらに刃の部分だけ焼き入れを施すことで、硬さと柔軟性を両立させたのです。

日本刀の製造過程では、まず粗造りの刀身に粘土を塗って炉に入れ高温に熱します（焼き入れ）。刃の部分には土を薄く、その他の部分には厚く塗ることで、焼き入れの際に温度差が生じます。高温で焼き入れられた刃の部分は硬くなり、他の部分は粘りを保つため、刀身に美しい反りが生まれます。

その後、研ぎ師が刀身を丁寧に研ぎ上げることで、日本刀は完成します。

ただし、このような複合構造の日本刀が登場したのは比較的最近のことです。鎌倉時代以前の日本刀は、一種類の鋼でできていたという説もあります。複合構造の刀は、研ぎ続けると外側の硬い鋼がすり減ってしまい、刀としての機能を失ってしまう可能性があるためです。

日本刀は、長い歴史の中で技術革新を繰り返しながら、美しさと機能性を追求してきた、まさに日本の誇るべき工芸品と言えるでしょう。[21]

21／日本刀で名高いものには次の例がある。千子村正作の「村正（むらまさ）」は、その鋭い切れ味と独特の美しさで知られている。備前国長船地域で作られた「備前長船（びぜんおさふね）」は、優れた刀工たちが生み出した高品質な刀。相模国の名工正宗が作った「正宗（まさむね）」は、波紋の美しさと切れ味の鋭さで名高く、日本刀の中でも最高峰とされる。

4 軽金属と重金属

金属はどれも重くて硬いイメージがありますが、実はビールの缶のように軽くて柔らかい金属も存在します。金属は、比重五を基準に、それより重いものを重金属、軽いものを軽金属と分類します。

重金属　輝きの裏に潜む毒

金は比重一九・三と非常に重く、鉄の約三倍の重さがあります。貴金属のイリジウムやオスミウムはさらに重く、比重は二二・六にもなります。

重金属の中には、水銀やカドミウムのように、公害を引き起こすことで知られるものがあります。また、鉛やウラン、プルトニウムなども、人体に有害な物質として有名です。

重金属の恐ろしいところは、体内に蓄積され、ある一定量を超えると中毒症状を引き起こすことです。[22] 富山県で発生したイタイイタイ病はカドミウムの蓄積が、熊本県で発生した水俣病は水銀の蓄積が原因とされています。

軽金属　軽さの代償は高い反応性

一方、軽金属の中には水に浮くほど軽いものもあります。リチウムやナトリウムは、比重が一以下で水よりも軽いため、水に入れると浮き上がります。しかし、これらの軽金属は、水と激しく反応して水素ガスを発生させ、爆発する危険性があります。アルミニウムやマグネシウムも、酸やアルカリ、高温の水と反応して水素ガスを発生させるため、取り扱いには注意が必要です。

軽金属は、軽量化や省エネの観点から、今後ますます需要が高まると予想されます。しかし、その高い反応性には十分注意し、安全に利用することが重要です。

22／重金属が体内に蓄積され、ある一定量を超えると中毒症状を引き起こすことを、慢性中毒または慢性重金属中毒という。

5 レアメタルと金属の未来

レアメタル（希少金属）は、現代の科学産業にとって重要な金属でありながら、日本国内での産出量が少なく、入手が困難な金属を指します。これは、科学的な分類ではなく、日本の産業政策に基づいた独自の定義です。

レアメタルは全部で四七種類あり、そのうち一七種類は「レアアース（希土類）」と呼ばれます。レアアースは、磁性、発色性、発光性など、様々な特性を持つため、現代科学研究や産業において欠かせない存在となっています。

レアメタルの役割

レアアース以外のレアメタルは、主に鉄と混ぜて合金にすることで、硬度や耐熱性、耐酸性を向上させるなど、縁の下の力持ちとして活躍しています。例えば、クロムやニッケルはステンレス鋼に、タングステンやモリブデンは高硬度鋼に欠かせません。一方、レアアースは、磁石、発光体、レーザー、触媒など、最先端技術の分野で幅広く利用されています。今後、レアアースの新たな機能や用途が発見されれば、その重要性はさらに増すでしょう。

日本近海に眠るレアメタル

日本の排他的経済水域（EEZ）内の南鳥島沖の深海には、二億トン以上のマンガン団塊が存在していることがわかっています。マンガン団塊は、深海底に広がる球状の鉱石で、マンガンや鉄を主成分としますが[23]、注目すべきは、その中に含まれるコバルトやニッケルなどのレアメタルです。コバルトは、リチウムイオン電池や航空機エンジンに、ニッケルはリチウムイオン電池やステンレス鋼に不可欠で、現代社会の技術発展を支える重要な金属です。しかし、陸上の鉱山での供給は限られており、価格高騰や供給不安が課題となっています。そこで、マンガン団塊が新たな資源として期待されているのです[24]。

23／マンガン団塊は、鉄やマンガンの酸化物を主成分とする海底の鉱物資源。こぶし大の球形をしており、コバルトやニッケルがそれぞれ一％以下の割合で含まれている。海底に沈んだ魚の骨などを核にして、数百万年から数千万年かけて金属が断続的に付着して形成されたと考えられている。

24／二〇二六年にもマンガン団塊の大規模採取を始め、商業化に乗り出す方針とされる。

25／アモルファス金属は、規則的な結晶構造を持たない非晶質の金属で、高強度、高硬度、耐食性、優れた磁性特性が特徴。一方、金属ナノ粒子は直径が一～一〇〇ナノメートルの微小な金属粒子で、大南鳥島沖の海底には、マンガン団塊だけでなく、コバルトやニッケルなどのレアメタルを豊富に含む「コバルトリッチクラスト」や、ハイテク製品に欠かせないレアアースを含む「レアアース泥」が眠っています。これらの貴重な鉱物資源が豊富に存在するため、南鳥島沖は世界でも有数の海底鉱物資源の宝庫として注目されています。

金属の未来

しかし、レアアースも安泰ではありません。アモルファス金属や金属ナノ粒子など、新しい金属材料が開発されているからです。[25] さらに、炭素化合物も金属の代替材料として注目されています。例えば、金属よりも硬く、兵士のヘルメットにも採用されているプラスチックや、電気を通す有機伝導体、有機超伝導体、有機磁性体など、かつては金属の独壇場だった分野に進出しています。[26]

これらの「新金属」の登場により、今後は、レアメタルの必要性が低下する可能性も考えられます。

きな表面積、ユニークな光学特性、強力な触媒効果を持つ。これらの新材料は、医療、環境技術、エレクトロニクスなど多様な分野での応用が期待され、未来の技術革新と持続可能な発展に大きく貢献する可能性がある。

26／金属は高強度、延性、電気・熱伝導性、耐久性を持つ一方、重く、腐食しやすく、資源が有限なのが欠点。一方で炭素化合物は、金属に比べて軽量で耐腐食性に優れ、資源も豊富であるという利点がある。

第4章

セラミックス

社会インフラを作った素材

セラミックスは、素材と呼ぶべきか、それとも製品と呼ぶべきか、その境界線が曖昧な存在です。

日干しレンガのような素朴な素材から、縄文時代の火焔《かえん》型土器のような芸術性の高い製品まで、セラミックスは人類の歴史とともに多様な姿を見せてきました。

現代においても、コンクリートやガラスといったセラミックスは、私たちの生活を支えるインフラとして欠かせない存在となっています。そのあまりの重要性から、現代を「鉄器時代」ではなく「新石器時代」と呼ぶ研究者もいるほどです。

さらに、動物の骨までもがセラミックスの一種であることを考えると、その守備範囲の広大さに驚かされます。

1 セラミックスとは何か

セラミックスとは、焼成《しょうせい》や加熱によって作られた無機化合物のことで、金属やプラスチックと並ぶ、現代社会を支える三大材料の一つです。[1]

私たちの身の回りには陶磁器やガラス、レンガ、セメントなど、セラミックスがあふれています。鉄やアルミなどの金属、プラスチック、あるいは木材などの有機物を除いた全ての材料がセラミックスなのです。

ルーツと進化

セラミックスの起源は、地球の岩石にまで遡ることができます。火山の噴火で生まれた溶岩が冷え固まった岩石や、地圧と地熱で変成した堆積岩も、広い意味ではセラミックスの一種です。[2]

1／無機化合物とは、炭素原子を骨格としない化合物の総称。ただし、一酸化炭素、二酸化炭素、炭酸カルシウムなど、一部の炭素を含む化合物も無機化合物に含まれる。セラミックスは、金属やプラスチックに比べて、耐熱性、耐薬品性、電気絶縁性などに優れているという特徴がある。

2／地球の岩石は、主にケイ素やアルミニウムなどの無機化合物から構成されている。火成岩は、花崗岩や玄武岩などが代表的。堆積岩は、砂や泥などが堆人類は、雨風や獣から身を守るため、洞窟（石灰岩などの岩石）という天然のセラミックス構造物に住んでいました。やがて、雨で濡れた泥が乾いて固まることを発見し、日干しレンガを作り始めます。これは、人類が初めてセラミックスを人工的に作り出した瞬間と言えるでしょう。日干しレンガは積み上げれば家となり、形を変えれば皿や壺、人形など、様々な道具を生み出すことができました。

ある時、火事によって日干しレンガが焼かれ、より硬く変化することがわかりました。これが焼成土器の誕生です。焼成によって、薄くて丈夫な土器が作れるようになり、土器の用途は一気に広がりました。

さらに、焼成土器の中に、薪の灰が偶然付着してガラス質の膜ができることがありました。これが釉薬《ゆうやく》の発見です。釉薬は、粘土などを高温で焼成する際に、表面に塗ることでガラス質の層を形成し、器の強度を高めたり、防水性を向上させたり、装飾性を加えたりするものです。様々な植物の灰や土を混ぜることで、色や光沢に富んだ美しい焼き物が作れるようになりました。

そして、釉薬そのものを加熱することで、透明なガラスが誕生しました。[3] ガ

積してできた岩石で、砂岩や頁岩などが代表的。

3／ガラスは、釉薬の成分を調整し、高温で溶融・冷却することで作られる。古代エジプトやメソポタミアでは、紀元前三〇〇〇年頃からガラス製品が作られていたとされる。

ラスは、鏡や窓、レンズなど、様々な用途に利用され、一九世紀末のフランスでは、アール・ヌーボーと呼ばれるガラス芸術が花開きました。[4]

このように、セラミックスは、人類の進化と技術革新とともに発展してきたのです。

特性と可能性

セラミックスの最大の特徴は、その驚くべき耐熱性です。[5] 一般的なアルミナでも三〇三〇度C、ホウ化チタンに至っては三九八〇度Cという、太陽の黒点温度（約四〇〇〇度C）に匹敵する高温に耐えることができます。さらに、炭化ケイ素やサイアロンを用いれば、太陽の表面温度である六〇〇〇度Cにも耐えられるのです。

この耐熱性を利用して、鉄やガラスを溶かす高温炉が作られています。つまりセラミックスなしでは、私たちの生活に欠かせないこれらの素材も存在しないのです。また、不燃性の壁材やスペースシャトルの耐熱タイルなどにもセラ

4／アール・ヌーボーは一九世紀末から二〇世紀初頭にかけて欧米で流行した美術・建築様式で、自然界の有機的な形状や流れるような曲線が特徴。産業革命による鉄やガラスの新しい製造技術と都市化の進展が背景にあるとされる。エミール・ガレやルネ・ラリックなどのアーティストが自然をモチーフにした作品を制作し、日常生活に美を取り入れる総合芸術として評価された。

5／セラミックスの耐熱性は、その構成元素間の強い結合と、結晶構造の安定性によるもの。

6／硬度が最高のダイヤモンド＝一〇に対して、炭化四ホウ素が約九・五、アルミナセラ

ミックスが活用されています。

セラミックスは、耐熱性だけでなく、機械的強度、高硬度、耐摩耗性にも優れています。炭化ケイ素やアルミナセラミックス、ジルコニアなどは、その代表例です。中でも、炭化四ホウ素は、ダイヤモンドに次ぐ硬度を誇り、研磨剤や研削工具として活躍しています。[6] 最近では、身近なハサミや包丁の刃にもセラミックスが使われることが増えました。

さらに、セラミックスは電気的な特性も多岐にわたります。絶縁体、伝導体、半導体など、その特性に応じて様々な用途があります。例えば、絶縁体は電気を通さないため、電線の被覆材や電子部品の絶縁体として利用されます。一方、伝導体は電気をよく通すため、電熱線や抵抗器などに使われます。半導体は、特定の条件下で電気を流す性質があり、トランジスタやダイオードなど、電子機器の心臓部を担っています。

また、セラミックスの中には磁石になるものもあります。強力な磁力を発生させるセラミック磁石は、モーターやスピーカー、ＨＤＤ（ハード・ディスク・ドライブ）などに使われています。

ミックスが約九・〇、ジルコニアが約八・五。

さらに、ガラスの透明度に代表されるように、セラミックスは光学的特性にも優れています。太陽電池は、光エネルギーを電気に変換する装置ですが、その変換効率を高めるためにセラミックスが重要な役割を果たしています。[7]

意外なところでは、風邪薬や便秘薬、化粧品の成分としての用途でしょう。タルク（滑石《かっせき》、珪酸塩鉱物）は胃の粘膜を保護し、酸化マグネシウムは腸の動きを活発にするなど、私たちの健康を支える薬にもセラミックスは一役買っているのです。

このように、セラミックスは、その多様な特性と用途から、現代社会に欠かせない素材となっています。

7／ガラスは、光を透過する性質を持つセラミックス。太陽電池では、ガラス基板上に半導体層を形成し、光エネルギーを電気に変換している。

2 陶磁器

「磁器」は英語で「チャイナ」と呼ばれ、その名の通り中国で発達しました。紀元前一四世紀にはすでに釉薬を用いた陶器が存在し、紀元前二二一年の秦の始皇帝の時代には、兵馬俑《へいばよう》のような等身大の焼き物が作られました。しかし、その製造のために黄土高原の森林が伐採され、砂漠化が進んだという歴史の影も残しています。[8]

その後、中国の陶磁器は世界最高峰の技術水準に達し、韓国や日本を経由して世界中に広まりました。特に、一二〇〇年頃に生まれた曜変天目《ようへんてんもく》や油滴天目《ゆてき》といった抹茶椀は、その複雑で美しい釉薬の模様から、現在でも最高の椀と称賛されています。[9]

8／兵馬俑は秦の始皇帝の陵墓に埋葬された兵士や馬をかたどった等身大の像で、八〇〇〇体以上が発見されている。兵馬俑の製造には大量の燃料が必要で、周辺の森林が伐採されたことで環境破壊が進み、黄土高原の砂漠化を招いた一因になったと考えられている。

9／中国宋時代に福建省の建窯で作られたもの。室町時代に日本に伝わり、茶道の普及とともに非常に珍重された。

日本における陶磁器の発展

日本における陶磁器の歴史は古く、一万六五〇〇年前の土器が最古のものとされています。その後、縄文土器、弥生土器と発展し、古墳時代にはろくろが登場して須恵器《すえき》が作られるようになりました。

七世紀後半には、釉薬を施した陶器が登場し、瀬戸や常滑《とこなめ》など、現在「六古窯」[10]と呼ばれる窯元で盛んに生産されました。桃山時代には、茶の湯の流行とともに、志野、黄瀬戸、織部などの美しい茶陶が生まれました。

一七世紀初頭には、朝鮮から伝わった技術によって日本で初めて磁器が作られました。柿右衛門《かきえもん》様式や伊万里《いまり》焼など、日本の磁器はヨーロッパでも高く評価され、大量に輸出されました。[11]

ヨーロッパ磁器の誕生と発展

一七世紀までのヨーロッパでは、薄くて白い磁器を作る技術がありませんで

10／六古窯は、瀬戸、常滑、越前、信楽、丹波、備前の六つの窯を指し、日本を代表する古窯。

11／柿右衛門様式は、乳白色の素地に赤絵で草花などを描いた優美な磁器。また伊万里焼は、有田で焼かれた磁器の総称。これら日本の磁器は、オランダ東インド会社を通じてヨーロッパに入り、シノワズリやロココ様式の発展に寄与した。その繊細な絵付けや美しい造形から、ヨーロッパで「白い金」と呼ばれ珍重された。

した。しかし、日本の伊万里焼の登場により、ヨーロッパの王侯貴族は磁器の魅力に取り憑かれます。

王侯たちは、自国でも磁器を作りたいと願い、錬金術師たちに研究を命じました。錬金術の研究で培われた化学的知識が、磁器製造に応用されたのです。

一七〇八年、ドイツのマイセン窯で白磁の焼成に成功し、その後、ウィーン窯などでも磁器生産が始まりました。一八世紀には、産業革命の影響で磁器の大量生産が可能になり、庶民にも手が届くようになりました。

このように、陶磁器は、中国から日本、そしてヨーロッパへと伝播し、それぞれの文化や技術と融合しながら発展してきました。

3 ガラス

透明で硬く、クールな印象のガラス。その歴史は古く、古代ローマの博物誌にも登場します。古代ローマの歴史家プリニウス（二三〜七九）は、地中海東岸で商人が焚き火をした際に、偶然ガラスが生まれたと記録しています。紀元前二〇〇〇年頃には、エジプトやメソポタミアで植物の灰と珪砂《けいしゃ》（石英）を混ぜて加熱することでガラスが作られ、様々な工芸品が生まれていました。

色と光が生み出す芸術

ガラスは高温で成形されるため、有機物による着色はできません。そこで、古代から金属を用いた着色が行われてきました。[12] 金や銅は赤色、コバルトは青色、カドミウムは黄色、ウランは蛍光色といったように、様々な金属がガラス

12／有機物は高温で分解してしまうため、ガラスの着色には耐熱性の高い無機顔料が用いられる。古代エジプトやローマ時代には、すでに金属酸化物を用いた色ガラスが作られていた。

13／カドミウムやウランは、人体に有害なため、現在ではガラスの着色には使用されていない。

14／鉛は、神経系、血液系、消化器系、腎臓など、様々な臓器に悪影響を及ぼす重金属。貧血、腹痛、便秘、神

に美しい色彩を与えます。しかし、中には有害な金属も含まれるため、現在では使用できる金属の種類が限られています。[13]

ステンドグラスは、色ガラスを型紙に合わせて切り、鉛の枠でつなぎ合わせて作られます。ガラス片には、エナメル絵付けや釉薬による上絵付けが施されることもあります。教会の窓などで見られるステンドグラスは、光を通して美しい色彩と模様を映し出し、見る人を魅了します。

クリスタルガラスは、通常のガラスに酸化鉛を加えることで、重厚感と美しい輝きを与えたガラスです。鉛の含有量が多いほど、ガラスは重く、輝きも増しますが、酸性の飲み物に長時間触れると鉛が溶け出す可能性があるため、注意が必要です。[14] 近年では、鉛を使わないクリスタルガラスも開発されています。

ベネチアから世界へ

ガラス製造が産業として本格化したのは、一二世紀のイタリア・ベネチアと言われています。ベネチア政府はガラス職人をベネチア本島の北東に位置する

経障害、知能低下、発達障害などを引き起こす可能性がある。鉛クリスタルガラスから溶け出す鉛の量は通常微量だが、ジュースやワインなど酸性の飲み物を長時間入れたままにしたり、繰り返し使用したりすると、鉛の溶出量が増加する可能性がある。

ムラーノ島に隔離し、技術の流出を防ごうとしました。[15] しかしその試みは失敗に終わり、ガラス製造技術はヨーロッパ中に広まっていくことになります。

建築とガラスの融合は、中世ヨーロッパの教会建築から始まりました。ゴシック様式の教会は、高い尖塔を支えるために分厚い壁と小さな窓が特徴でした。その小さな窓を最大限に活用するために、聖書の物語を描いたステンドグラスが用いられました。ステンドグラスは、教会内部に神聖な光を注ぎ込み、人々に宗教的な教えを伝える役割を果たしました。[16]

しかし、時代が下ると、人々の価値観は変化し、住まいには明るい光と外の景色を取り込みたいという欲求が高まりました。そこで、窓を大きくする必要性が生じましたが、当時の板ガラスは歪みが大きく、透明度も低いものでした。吹きガラスや円筒引き伸ばし法などで作られていましたが、これらの方法では、平滑で歪みのない大きなガラスを作ることは困難だったためです。

この状況を大きく変えたのが、一九五二年にイギリスのピルキントン社が開発した「フロート法」です。溶かしたガラスを溶融スズの上に浮かべることで、重力によって自然に平らになり、歪みのない高品質な板ガラスを製造できる画

15／ベネチアングラスは、その美しさと技術の高さで世界的に有名。ムラーノ島は現在でも多くのガラス工房が集まっている。

16／中世ヨーロッパの教会建築ではステンドグラスが聖書の物語を絵画的に表現し、文字を読めない人々にもキリスト教の教えを伝える役割を担っていた。

期的な方法でした。これによって歪みのない板ガラスを大量生産できるようになったのです。

この技術革新により、建築は大きく変わりました。窓を大きく取れるようになったことで、室内に自然光がたっぷり入り、開放的な空間が実現しました。こうして現代の建築では板ガラスは欠かせない存在となり、私たちの生活を豊かにしています。

4 コンクリート

港湾、飛行場、高速道路、高層ビル、下水道など、私たちの生活に欠かせないインフラは、コンクリートによって支えられています。コンクリートは、実はセラミックスの一種であり、現代社会を力強く支える縁の下の力持ちと言えるでしょう。

鉄やエネルギーも現代社会にとって重要ですが、コンクリートはそれらとは異なり、私たちの生活の基盤となる構造物を物理的に支える力を持っています。コンクリートは、その強度と耐久性によって、安全で快適な生活環境を提供しているのです。

このことから、現代社会は一見すると高度に発達した技術社会に見えますが、その根底には、太古の昔から人類が利用してきたセラミックスが不可欠な存在になっていることがわかります。

17／石灰石（炭酸カルシウム）を高温で熱すると、石灰（酸化カルシウム）と二酸化炭素に分解され、この過程で大量の二酸化炭素が発生する。また、この高い温度を維持するために、大量の石炭や石油などの燃料を燃やすことでも二酸化炭素が発生する。

18／水処理場で発生する汚泥（有機物やリンなどの栄養塩類を含んでおり、焼却処分すると二酸化炭素や有害物質が発生）をセメントの原料として再利用することで、廃棄物削減

コンクリートの主成分

コンクリートは、セメント、小石、砂、水を混ぜて作られます。セメントは、石灰岩などを焼いて作られる灰色の粉末で、酸化カルシウム、二酸化ケイ素、酸化アルミニウム、酸化鉄などを主成分としています。

セメント産業は、かつては二酸化炭素排出量の多い[17]産業とされていましたが、近年では、水処理場の汚泥や産業廃棄物を原料として活用するなど、環境負荷低減の取り組みが進んでいます。[18]

コンクリートが固まる仕組み

コンクリートが固まるのは、セメントの成分である無機物と水が反応する「水和反応」によるものです。この反応によって、セメントの粒子が互いに結びつき、硬い構造を作り出します。

例えば、粉末の焼石膏に水を加えて練ると、固い石膏になるのも同じ原理で

と資源の有効活用が可能になる。また、製鉄所から出る鉄鋼スラグや石炭灰、廃プラスチック、廃タイヤなどは、セメントキルンで焼成することで、クリンカー(セメントの主要成分となる物質)の原料や燃料として再利用できる。

す。つまり、コンクリートの中には、練り混ぜる際に使った水が、化学反応によって変化した形で含まれているのです。

コンクリートは、一見すると乾燥しているように見えますが、実は内部にはたくさんの水分が閉じ込められています。この水分が、セメントの主成分であるケイ酸カルシウムなどの鉱物と水和反応を促進し、結晶を成長させることで硬化します。こうして耐久性を向上させるのです。

古代から未来へ

古代中国では、約五〇〇〇年前のコンクリート床が発見されています。また、古代ローマのコロッセウムは、レンガとコンクリートを組み合わせた構造で、二〇〇〇年以上経った今でもその姿を残しています。[19] 鉄筋を使わないため腐食の心配がなく、現代の鉄筋コンクリートよりも耐久性が高いという見方もできます。[20]

現代のコンクリートは、技術革新によって様々な特性を持つようになりまし

19／古代ローマのコンクリートは、火山灰を混ぜて作られていた。この火山灰に含まれるポゾランと呼ばれる反応性の高い物質が、コンクリートの強度や耐久性を高める役割を果たしたと考えられている。

20／鉄筋コンクリートは、コンクリートの中に鉄筋を埋め込むことで、コンクリートの弱点である引張強度を補強したもの。しかし、鉄筋は空気中の酸素や水分と反応して錆びやすく、錆びると体積が膨張し、コンクリートにひび割れを生じさせる。このひび割れからさらに水分や塩分が浸入すると、鉄筋の腐食が加速し、コンクリートの強度が低下してしまう。

た。高層ビルを支える高強度コンクリート、地震に強い繊維補強コンクリート、耐火性や耐酸性に優れたアルミナセメント、そして、硬化するまでは水のように流動するコンクリートなど、その種類は多岐にわたります。

しかし、現代のコンクリートには耐久性の問題があります。通常のコンクリートの寿命は五五～六〇年、特別に強化したものでも約一〇〇年と言われています。コンクリートの劣化には、塩害や中性化などの化学的な原因、凍結融解や表面磨耗などの物理的な原因、そして施工不良が挙げられます。[21] これらの要因が重なり、コンクリート構造物は徐々に弱体化していきます。

コンクリート建造物の劣化は、私たちの文化や文明の損失にもつながります。未来の人々が、私たちが残した建造物を目にしたとき、どのような評価を下すのでしょうか。それは、私たちが今、コンクリートの耐久性向上に取り組むべき理由の一つと言えるでしょう。

21／塩害と中性化は、どちらもコンクリート中の鉄筋の腐食を促進する要因。塩害は、塩化物イオンが直接的に鉄筋を攻撃するのに対し、中性化は、コンクリートのアルカリ性を低下させることで間接的に鉄筋の腐食を促進する。

5 ファインセラミックス

セラミックスは、人類の歴史とともに歩んできた古くからある素材で、硬く、熱や腐食に強く、電気をほとんど通さないといった特性を持っていることをお伝えしました。近年、これらの特性をさらに向上させ、新たな機能を付与した「ファインセラミックス」が開発されました。ファインセラミックスは、機械的な強度だけでなく、電気、光、化学、生化学など、多岐にわたる分野で優れた機能を発揮します。その応用範囲は、半導体、自動車、情報通信、産業機械、医療など、現代社会の基盤を支える幅広い分野に及びます。

ファインセラミックスの原料

陶磁器などの伝統的なセラミックス（オールドセラミックス）とファインセラ

22／陶石は、陶磁器の原料となる岩石で、長石もその一つ。長石は、地殻中に最も多く含まれる鉱物で、陶磁器の釉薬やガラスの原料として用いられる。粘土は、水を含むと粘土性を示し、陶磁器やレンガの原料として用いられている。

23／例えば、窒化ケイ素や炭化ケイ素など。

ミックスの最大の違いは、原料と製造方法にあります。

オールドセラミックスは、陶石、長石、粘土などの天然鉱物をそのまま、あるいは簡単な加工を施しただけで使用します。[22] 一方、ファインセラミックスは、天然原料を使う場合でも高度に精製したり、化学合成した人工原料や、自然界には存在しない化合物を利用したりします。[23] これらの原料を緻密に調合することで、求める特性を持つセラミックスを作り出すことができるのです。さらに、精密な成形、厳密な温度・時間管理での焼成、そして焼き上げ後の研磨などの工程を経て、高い寸法精度と優れた機能性を兼ね備えた製品が完成します。

ファインセラミックスは、まさに人類の英知が生み出した、天然を超える人工素材と言えるでしょう。

精密な工程が生み出す高機能素材

ファインセラミックスの製造は、原料の粉砕から始まります。原料は、無機質の固体粉末であり、その純度、粒子径、粒子分布などが厳密に管理されます。

次に、用途に合わせて調合された原料粉末に、バインダーと呼ばれる有機高分子の粘結剤を混ぜ合わせます。バインダーは、粉末を成形しやすくするための糊のような役割を果たします。この混合物を金型に入れ、プレス機などで圧力をかけて成形します。その後、不要な部分を削り取るなどして、設計通りの精密な形状に仕上げます。最後に、高温で焼成することで、原料に含まれる水分やバインダーが除去され、粉末粒子同士が結合して硬く緻密な製品が完成します。

このように、ファインセラミックスの製造は、原料の選定から焼成まで、一連の精密な工程を経て行われます。この緻密な製造プロセスこそが、ファインセラミックスの優れた特性と高機能性を実現する鍵なのです。

技術革新を牽引する

ファインセラミックスは、その特性によって様々な種類に分けられます。

例えば、イオンを伝導する「イオン伝導セラミックス」は、次世代の全固体

24／リチウムイオン電池は、電解質に可燃性の有機溶媒を使用するため、過充電や内部ショートにより発火する危険性がある。

25／超伝導転移温度以下で電気抵抗が完全に消失する現象。なお、超伝導転移温度は物質によって大きく異なり、絶対零度（マイナス二七三・一五度C）に近いものから、液体窒素温度（マイナス一九六度C）よりも高いものまで様々。

26／現在の超伝導磁石は、主に金属製の低温超伝導材料（例えば、ニオブ-チタンやニオブ-スズ）で作られているが、高温超伝導セラミックス（例えば、イットリウム・バリウム・銅・酸素［YBCO］）も研究されている。高

電池への応用が期待されています。これは電解質に液体ではなく固体を使用する電池のことで、この技術が実現すれば、現在問題となっているリチウムイオン電池の重大な欠点とされる発火リスクを解消できます。[24]

また、「焦電セラミックス」は、温度変化によって電荷を発生させる性質を持ち、温度センサーや赤外線センサーなどに使われています。私たちの安全を守るセキュリティシステムや、家電製品の温度制御など、身近なところで活躍しています。

「多孔質セラミックス」は、多数の小さな穴（気孔）を持つセラミックスで、断熱材や吸着材、触媒など、幅広い用途があります。例えば、建物の断熱材として使えば、エネルギー効率を高め、地球温暖化対策にも貢献できます。

「超伝導セラミックス」は、ある温度以下で電気抵抗がゼロになる[25]という驚くべき特性を持っています。この特性により、超伝導磁石は強力な磁場を発生させることができます。[26] 現在のリニアモーターカーでは、主に金属製の低温超伝導磁石が使用されていますが、高温超伝導セラミックスの研究も進んでおり、将来的には冷却コストの低減や効率の向上が期待されています。そのほかにも、

温超伝導セラミックスは、冷却コストの低減や効率の向上が期待されるため、将来的には超伝導磁石の性能をさらに向上させる可能性がある。

医療機器のＭＲＩ（磁気共鳴画像診断装置）や電力貯蔵システムなど、様々な分野での応用が期待されています。

そして、「バイオセラミックス」は、生体親和性が高く、人工骨や人工関節、人工歯根など、医療分野で活躍しています。これらのセラミックスは、体内で安定して機能し、炎症やアレルギー反応などを引き起こしにくいことから、患者の生活の質を向上させるのに役立っています。

最後に紹介するのが「耐熱セラミックス」です。一般的なセラミックスをはるかに凌ぐ耐熱性を実現したもので、急激な温度変化や高温環境下でも割れや変形が起こりにくくなっています。例えば、ロケットエンジンの燃焼室やノズルには、数千度にも達する高温・高圧に耐え、熱を遮断する特殊な耐熱セラミックスが使用されています。また、排気ガス浄化装置には、高温の排気ガス中でも安定して機能する耐熱セラミックス製の触媒が利用されています。

このように、ファインセラミックスは、オールドセラミックスと比べてその用途や特性が大きく異なります。オールドセラミックスは、主に日用品や建築材料として用いられるのに対し、ファインセラミックスは、電子部品や医療機器、航空宇宙産業など、高度な技術を必要とする分野で活躍しているのです。

第5章

毒物

人類史に影を落とした素材

毒とは、微量で生命を奪う物質のことです。人間を他の動物と区別する特徴の一つは、自らの肉体や分泌物以外の毒を用いて敵を殺す点にあると言えるでしょう。

多くの動物は、爪、角、牙、あるいは毒腺から分泌される毒といった、生まれ持った武器で相手を攻撃します。しかし、人間は違います。自然界に存在する毒物を利用し、時には自らの手で新たな毒を作り出すことで、他の生物にはない独自の武器を手に入れてきたのです。

毒は、人間の知恵が生み出した武器であると同時に、その知恵の影の部分を映し出す鏡でもあります。権力闘争や暗殺、戦争など、人間の欲望や残酷さを体現する道具として利用されてきた面が否定できません。

1 命を縮める物質の正体

私たちの命には限りがあります。その長さを左右する要素は様々で、健康を促進する薬もあれば、命を縮める毒もあります。毒とは一般的に、少量でも人体に有害な影響を及ぼし、最悪の場合死に至る物質を指します。ただし、水や砂糖、お酒なども、過剰に摂取すれば健康を害し、寿命を縮める可能性があるため、広い意味では毒と捉えることもできます。ただ、これらを毒と呼ぶ人は少ないでしょう。

毒物と無毒物の境界線

毒と無毒の境界線は、摂取量によって変化します。例えば、水は大量に飲むと「水中毒」[1]を引き起こし、命に関わることもあります。砂糖も過剰摂取すれ

1／過剰な水分摂取により、体内の電解質バランスが崩れ、様々な症状を引き起こす状態。

2／血糖値が高い状態が続く病気。合併症を引き起こし、生命を脅かすこともある。

3／短時間に大量のアルコールを摂取することで、中枢神経が麻痺し、呼吸困難や意識障害などを引き起こす状態。

ば糖尿病[2]のリスクを高めますし、アルコールも大量に飲めば急性アルコール中毒[3]で命を落とす危険があります。

しかし、これらの物質は、適量であれば問題なく摂取できます。毒性を持つ物質でも、摂取量が少なければ無毒となるのです。

毒の強さを測る指標として、「半数致死量（LD_{50}）」があります。これは、実験動物の半数が死亡する毒の量を体重一キログラムあたりで表したもので、値が小さいほど毒性が強いことを意味します。

ただし、LD_{50} はあくまで実験動物での結果であり、人間にそのまま当てはまるわけではありません。また、個人の体質や健康状態によって、毒の影響は異なるため、注意が必要です。

薬と毒は表裏一体

薬の効き目を表す指標として、「半数有効量（ED_{50}）」があります。これは、病気の実験動物の半数が治癒する薬の量を、体重一キログラムあたりで表したものです。

LD_{50}とED_{50}が近い薬[4]は、効果が高い一方で、副作用も強い可能性があります。逆に、LD_{50}とED_{50}が離れている薬[5]は、副作用は少ないですが、効果も低い可能性があります。

薬と毒は、表裏一体の関係にあります。薬は、適量であれば病気を治すことができますが、過剰に摂取すれば毒になる可能性があるのです。

4／効果と副作用の差が小さく、効果的な投与量と危険な投与量の範囲が狭い薬。

5／効果と副作用の差が大きく、効果的な投与量と危険な投与量の範囲が広い薬。

2 大麻とシャーマン

古代社会において、権力構造は多岐にわたりました。武力で支配する者もいれば、戦闘力とは異なる能力で人々を統率する者もいました。強力なリーダーシップを発揮し、多数の人々を従える独裁者は、必ずしも武勇に秀でた人物ばかりではありませんでした。

例えば、霊的な力や予知能力を持つと信じられた人々は、部族社会において大きな影響力を持っていました。彼らは、自然現象を予測したり、病気の治療を行ったりする能力があると信じられ、人々から尊敬と畏怖を集めました。このような特別な能力を持つ人物は、武力を持たずとも、人々の精神的な支柱となり、社会を統率するリーダーとして君臨することができたのです。

シャーマンの役割

前述の「特別な能力」とは、多くの場合、神との交信です。神にお伺いを立て、その人を通して神が答えを下すことがあり、その答えが正確であると認められると、その人は神に選ばれた者として認識され、独裁者になります。邪馬台国の女王卑弥呼《ひみこ》もこのような人物だったのではないでしょうか。[6]

このような人々を一般にシャーマンと呼びます。青森県の恐山のイタコ[7]や、民間で神のお告げを説いていた巫女《みこ》も、その一種でしょう。彼らの特徴は、一時的に「神がかり」の状態になることです。激しい祈りや祈祷の最中に、我を忘れた状態になり、その間に神の言葉を自分の声で信者に伝えるのです。

儀式では、火や音楽、香りが使われ、参加者の感覚を刺激し、神聖な雰囲気を作り出します。

また、煙や飲み物は、儀式において物質的な役割を果たします。煙は、タバコや大麻の燃焼によって生じるニコチンやタールなどの成分を含み、これらは精神に影響を与えます。飲み物には、お酒やその他の薬物が含まれることがあ

6／卑弥呼は『魏志倭人伝』に登場する古代日本の女王。呪術を用いて国を治めたとされる。

7／イタコは、口寄せと呼ばれる降霊術を行うことで知られており、死者や生者の守護霊を呼び出して、その声を伝える。多くは盲目の女性で、厳しい修行を経てイタコとなる。恐山大祭の時以外は、イタコはそれぞれの地域で活動している。

8／トランス状態とは、通常の意識とは異なる変性意識状態のこと。深いリラックスや集中、あるいは恍惚感を伴い、自己意識の低下や時間感覚の変化などが起こる。宗教儀式や瞑想などで意図的に引き起こされることもあれば、自然に起こることもあ

り、これらは儀式の参加者をトランス状態[8]に導くことがあります。

アサシンと大麻

中世アラビアでの大麻の使用は特に有名です。一一世紀から一三世紀にかけて、イスラム世界で広まりました。

中世アラビア社会には、アサシンと呼ばれる暗殺集団が存在しました。彼らは特定の政治的、宗教的な信念を持ち、そのために命をかけて暗殺を行いました。アサシンの語源は、アラビア語の「ハシーシーン」であり、これは大麻（ハシシュ）を意味します。彼らは、大麻の煙を使って人々を一時的に意識不明にさせ、その後、洗脳して暗殺者に育て上げました。

中世アラビアを経て、大麻はヨーロッパやアフリカなど他の地域にも広がりました。近代になって、特に二〇世紀には、医療や娯楽用途での使用[9]が急増し、多くの国で合法化や規制緩和が議論されるようになりました。

る。

9／大麻には、医療用大麻と嗜好用大麻がある。両者とも成分にカンナビジオール（CBD）とテトラヒドロカンナビノール（THC）とが含まれ、CBDは抗炎症作用や鎮痛作用、THCは精神活性作用がある。CBDの比率が高い傾向があるのが医療用大麻、THCの比率が高い傾向があるのが嗜好用大麻。

3 ヒ素と暗殺

毒殺といえば暗殺を連想し、暗殺の代名詞とも言えるのが「ヒ素」です。ヒ素は元素であり、それ自体が猛毒ですが、固体で水に溶けないため、気付かれずに飲ませて殺害するには不向きです。そこで用いられたのが亜ヒ酸（三酸化二ヒ素）です。

亜ヒ酸はヒ素の酸化物で、無色（白色）の粉末で無味無臭であり、水に溶けやすいといった特徴があります。したがって、飲み物に混ぜても気付かれません。ヒ素は大量に摂取すれば急性中毒で死に至りますが、少量の場合は他の重金属と同様に体内に蓄積され、蓄積量が限界値（閾値《いきち》）を超えた時に発症します。そのため、ヒ素による殺人は、犯人だけでなく犯行日時も特定しにくく、まさに暗殺と呼ぶにふさわしい殺人方法です。こうしたことから、ヒ素は洋の東西を問わず、暗殺薬として広く用いられました。[10]

10／歴史上、ヒ素は主に権力闘争や政敵の排除などに利用されてきた。日本でも、八代将軍徳川吉宗（一六八四～一七五一）が将軍になれたのは兄たちの病死が原因で、その裏には吉宗の家臣団が暗躍したという説や、一二代から一四代将軍までが暗殺されたという説、さらには明治天皇の父である孝明天皇やその子までもが暗殺されたという説など、様々な暗殺伝説が渦巻いている。

11／息子チェーザレ（一四七五～一五〇七）

ローマ教皇アレクサンデル六世

ローマ教皇アレクサンデル六世（一四三一～一五〇三）は、ルネサンス最盛期のイタリアで、一四九二年から一五〇三年までその座に就きました。スペインの田舎貴族出身ながら、強い上昇志向と巧みな権謀術数で教皇の座を手に入れた彼は、その治世において数々の悪名を轟かせました。

アレクサンデル六世は、親族登用主義（ネポティズム）を駆使してボルジア家の勢力を拡大し、一族から五人もの枢機卿を輩出しました[11]。

また、彼は政敵を陥れては財産を没収したほか、「邪魔者をヒ素で毒殺する」といった噂も囁かれました。これにより、ローマの富裕層を恐怖に陥れました。この恐怖は、毒殺を恐れた富裕層が、銀食器を愛用するようになるほどでした。

銀は化学的に反応しやすいため、毒の検出に用いられることがあったのです。もっとも銀は硫黄と反応して黒く変色しますが、ヒ素には反応しません。しかし、当時のヒ素は精製技術が未熟で硫黄を含んでいたため、銀食器が黒変することもあったようです。

11 と娘ルクレツィア（一四八〇～一五一九）の才覚も利用して権力基盤を固めた。特にチェーザレは冷酷な野心家で、その政治手腕は『君主論』で知られるマキャヴェリからも高く評価されている。また、ルクレツィアは類まれな美貌で知られ、多くの男性を魅了した。

アレクサンデル六世は、蓄えた財産をラファエロ（一四八三〜一五二〇）やミケランジェロ（一四七五〜一五六四）などの芸術家へのパトロン活動に費やし、ルネサンス文化[12]の振興に貢献しました。また、フランス、スペイン、オスマン帝国などの外敵からローマを守るための外交・軍事活動にも資金を投じました。そのため、ローマの復興に貢献したとして「ローマ中興の祖」と称されることもあり、功罪相半ばする人物と言えるでしょう。

ナポレオン

ナポレオン・ボナパルト（一七六九〜一八二一）は、天才的な戦術家として数々の勝利を収め、一八〇四年にフランスの皇帝に即位しました。その後も領土拡大を続けましたが、一八一二年のロシア遠征失敗を機に失脚し、エルバ島へ流刑となりました。しかし、一八一五年にエルバ島を脱出して再び皇帝に返り咲きます。しかしワーテルローの戦いで敗北した後、セントヘレナ島へ流され、一八二一年に亡くなりました。その死を巡る謎は今なお議論を呼んでいます。

12／ルネサンスは、一四〜一六世紀のイタリアで起こった文化運動。人間性を重視し、古代ギリシャ・ローマ文化を復興しようとする思想を基盤としていた。特に一五世紀後半から一六世紀初頭は盛期ルネサンスと呼ばれ、ラファエロ、ミケランジェロ、レオナルド・ダ・ヴィンチ（一四五二〜一五一九）といった巨匠たちが活躍した。

13／ヒ素中毒の症状と胃がんの症状は類似しており、誤診の可能性が指摘されている。

14／一八世紀から一九世紀にかけて、鮮やかな緑色の染料として、ヒ素を含むシェーレグリーンやパリスグリーンが広く使用されていた。ヒ素を含む染料は、湿気やカビなどによっ

ナポレオンの死因については公式には胃がんとされていますが、スウェーデンの研究者ステン・フォーシュフッドが彼の遺髪から高濃度のヒ素を検出したことで、暗殺説が浮上しました。[13] その後、パリ警視庁が調査を行い、ナポレオンの生前の髪からも高濃度のヒ素が検出されました。この結果から、ナポレオンがセントヘレナ島に流される前からヒ素中毒だった可能性が考えられました。

ヒ素中毒の原因として、一つの説が注目されています。それは、ナポレオンが好んだ緑色の壁紙です。当時、壁紙の染料にはしばしばヒ素が含まれており、これが揮発して室内の空気を汚染することがありました。[14] ナポレオンがこのヒ素を長期間にわたり吸い込んだ結果、慢性中毒になったという説です。[15]

このように、ナポレオンの死の真相は未だ謎に包まれており、暗殺説の真偽は明らかになっていません。

て分解され、有毒なヒ素ガスを発生させることがある。

15／しかし、この説には、髪のヒ素濃度が部分によって異なることを説明できないという課題がある。さらに、鑑定された髪が本当にナポレオンのものだったのかという疑問もあるほか、ナポレオンには影武者がいたという説もある。

4 麻薬と一国の衰退

毒物はしばしば大国の運命をも狂わせてしまうことがあります。本節では、そうした例を見ていきましょう。

紅茶ブームと阿片《あへん》

イギリスの紅茶文化は、一七世紀に中国から伝わったお茶によって始まりました。当時、中国は世界で唯一のお茶の生産地であり、イギリスは中国茶を輸入することで紅茶文化を発展させていきました。一八世紀には、イギリス東インド会社が中国との貿易を独占し、大量の茶を輸入するようになり、一九世紀初頭には紅茶ブームが巻き起こりました。また、陶磁器や絹織物などの輸入も重なり、イギリスの対中貿易赤字は深刻化していました。

16／モルヒネをアセチル化して合成される麻薬。モルヒネよりも強い快感作用と依存性を持つ。

17／イギリス東インド会社がインドで生産された阿片を独占的に買い上げ、中国へ密輸した。この阿片専売制度で得た莫大な利益がイギリス本国への資金流入を促進し、産業革命に必要な資本を提供することになった。

イギリスが貿易赤字を打開するために目をつけたのが、植民地のインドで生産される阿片でした。阿片の原料となるケシは、ケシ科の植物で、白や紫、赤などの美しい花を咲かせますが、この花からは強力な麻薬成分が得られます。ケシの未熟な果実（芥子《けし》坊主）に傷をつけると、乳液が滲み出てきます。この乳液を乾燥させたものが阿片で、「モルヒネ」や「コデイン」などのアルカロイドを含んでいます。

モルヒネは強力な鎮痛作用を持つ麻薬成分で、医療用としても使用されますが、依存性が非常に高く、乱用すると深刻な健康被害を引き起こします。さらに、モルヒネを化学的に処理することで生成される「ヘロイン」[16]は、快感作用が強く、依存性も極めて高いため、世界で最も危険な麻薬の一つとされています。

アヘン戦争と中国社会への影響

中国では古くから鎮痛剤や咳止めとして阿片が使用されていましたが、イギリスが一八世紀後半から一九世紀にかけて大量の阿片を密輸するようになったこと[17]で、阿片中毒者が急増しました。中国政府はイギリスに阿片の輸出停止を要請しましたが、イギリスはこれを拒否し、一八四〇年、アヘン戦争（第一次アヘン戦争）が勃発しました。イギリスは圧倒的な軍事力で中国を打ち破り、多額の賠償金と香港の割譲を要求しました。[18]

その後も中国は第二次アヘン戦争で敗北し、国内では太平天国の乱などの内乱も発生しました。一八九四年の日清戦争で日本に敗れるまで、中国は長い間、列強の侵略に苦しみ、国力を衰退させていくことになります。[19]

清朝末期には、阿片中毒の深刻さが広く認識されるようになりました。しかし、清朝政府はもとより、一九一一年の辛亥《しんがい》革命後に成立した中華民国政府、そして日本による占領下においても、阿片の流通は根絶されませんでした。

中国における阿片中毒が沈静化したのは、一九五〇年代初頭、中華人民共和国政府が実施した大規模な阿片撲滅運動がきっかけです。この運動により、長年にわたって中国社会を苦しめてきた阿片問題は、ようやく終息に向かいました。

18／一八四二年の南京条約の締結で、イギリスへの賠償金の支払いや、五つの港の解放、香港の割譲等が決まった（香港は一九九七年に返還）。この戦争は当時の江戸幕府の強硬な対外政策にも影響し、異国船に薪や水の便宜を図る薪水給与令を打ち出すなど、態度を軟化させる契機となった。

19／中国ではアヘン戦争以降に侵略と支配を受けた歴史を「一〇〇年の屈辱」と称し、現在のナショナリズムと反帝国主義の外交政策にも影響を与えているとされる。

5 覚醒剤と戦争

大麻、煙草、阿片、麻薬は天然由来のものですが、人類が合成した薬物にも同様の効果を持つものがあります。それが一般に言われる「覚醒剤」です。

覚醒剤の誕生

日本薬学会の初代会長で薬学者の長井長義《ながいながよし》（一八四五〜一九二九）は、西洋医学が主流になりつつあった時代に、漢方薬の中にこそ西洋医学にも役立つ成分があると考え、研究を続けました。そして、ぜんそくの治療薬として使われていたマオウ（麻黄）からエフェドリンという成分を抽出し、その構造を解明するという偉業を成し遂げました。このエフェドリンは、後にメタンフェタミンという覚醒剤発見の契機となる成分で、一八八五年にはメタンフェタミンを合成するに至ります。

同じ頃、ルーマニアの化学者もアンフェタミンという、同じく覚醒剤の一種を合成しており、化学の世界は新たな局面を迎えていました。

メタンフェタミンとアンフェタミンが、人の心身に強い影響を与えることが判明しました。これらの薬物は麻薬とは異なり、中枢神経を刺激し、心を覚醒させ、元気や自信を与える効果があるため、「覚醒剤」と名付けられました。

こうして、長井長義の研究は、西洋医学と漢方医学の融合を目指す日本の薬学研究の出発点となり、同時に覚醒剤という新たな薬物の誕生にもつながる、複雑な歴史の一ページを刻んだのです。

覚醒剤の利用

覚醒剤の最初の利用者は、軍部でした。戦場に赴く兵士に投与することで、恐怖心を麻痺させ、士気を高める効果を狙ったのです。特攻隊員も例外ではなく、「水杯《みずさかずき》」と称して覚醒剤を飲まされ、敵艦へと向かっていきました。こ

20／「ヒロポン」は、大日本製薬（現・住友ファーマ）によるメタンフェタミンの商品名。終戦時に大量に備蓄されていたものが戦後に出回り、疲労回復や眠気解消といった目的に加え、酒やタバコと同様な嗜好品の一つとして蔓延した。

のような行為は日本軍に限らず、ドイツや連合軍でも行われていたようです。

戦後、日本では「ヒロポン」という名称で市販され、「疲労をポンと忘れる薬」として、復興期の過酷な労働環境下で働く人々に広く利用されました。[20] しかし、その副作用は深刻で、長期間の使用は身体を蝕み、依存症や禁断症状を引き起こしました。一九五〇年頃には、ヒロポン中毒者が全国で一〇〇万人にも達し、社会問題として大きく取り上げられることになりました。

こうした状況を受け、政府は一九五一年に覚醒剤取締法を制定し、ヒロポンの製造・販売・所持を厳しく規制しました。同時に、医療機関や社会福祉団体による中毒者の治療・更生支援も強化されました。これらの取り組みによって、ヒロポン中毒は徐々に沈静化に向かい、社会秩序の回復へとつながっていきます。

麻薬問題と社会の課題

阿片、コカイン、大麻、シンナー、ＬＳＤ、覚醒剤など、これらはすべて「麻薬」と総称され、人々を破滅へと導く「魔薬」とも呼ばれています。これらの薬物への入り口は様々ですが、一度足を踏み入れると抜け出すことは非常に困難です。具体的には、身体的・精神的依存を引き起こし、離脱症状の苦痛、社会的孤立、脳の神経回路の変化などを引き起こすためです。[21]

社会は警鐘を鳴らし、警察も取り締まりを強化していますが、麻薬の根絶には至っていません。その上、既存の麻薬の化学構造をわずかに変化させることで「デザイナードラッグ」が作られ、新たな麻薬が登場する状況が続いています。さらには、科学技術の進歩により、より強力で危険な合成麻薬が次々と生み出されています。こうした麻薬は、法律による規制が追いついていないのが現状です。[22]

近年では中学生が麻薬の売買や大麻の栽培に関与するなど、低年齢化が深刻な問題となっています。七〇年前のヒロポン中毒が蔓延した時代に戻るのではという懸念もあります。

合成麻薬の進化により、中毒者の精神状態は悪化し、凶暴化も進んでいます。二次被害の増加も危惧されています。

21／依存症から抜け出すには、専門的な薬物治療、心理的支援、再発防止プログラム、家族やコミュニティの協力といった総合的なアプローチと長期的なサポートが不可欠。

22／麻薬や向精神薬の規制法は、対象となる薬物をその化学構造に基づいて定義している。これにより、特定の化学式や構造を持つ物質が違法となる。こうした法律の適用を逃れ、「合法」として流通しているのがデザイナードラッグ。ただし、政府は緊急指定の権限を持っていて、新たな薬物が市場に出回ると、速やかに規制の対象に加えることができる。

麻薬に手を出す背景には、社会への不満や孤独感など、様々な要因がありますが、これは古今東西、普遍的なもので、取り締まりの強化だけでは根本的な解決にはなりません。社会全体が抱える問題、特に若者の孤立感や不満、将来への希望の欠如に対する対策が必要です。麻薬に頼らずに生きる希望を見出せる社会の構築こそが、真の解決策となるでしょう。

第6章

セルロース

考える葦《あし》を芽吹かせた素材

セルロースは草や木といった植物の主要成分であり、一見するとありふれた物質に思えるかもしれません。しかし、セルロースは私たちの文明を築き、支えてきた偉大な存在なのです。

セルロースは、建築材料や衣料品など、様々な製品の素材として利用されています。しかし、その中でも最も重要な役割を果たしてきたのは、「紙」の原料としての存在でしょう。

紙の発明以来、約二〇〇〇年もの間、人類は紙に文字を書き記し、知識や情報を伝達してきました。紙は、教育、科学、芸術など、あらゆる分野の発展を支え、現代文明の礎を築いたと言っても過言ではありません。

1 セルロースは衣食住を支える

植物は、私たち人間にとって欠かせない存在であり、食料や衣服、住居、燃料など、様々な恵みを与えてくれます。その植物の強靭さを支え、私たちの生活を豊かにしてきた陰の立役者が、セルロースです。

セルロースとは何か

セルロースは、地球上で最も豊富な有機化合物[1]であり、植物の細胞壁を形成しています。セルロースは、植物の細胞壁を形成し、植物を支える役割を果たしています。例えるなら、セルロースは植物の骨組みを構成する柱や梁のようなものであり、細胞を守る鎧のようなものです。ブドウ糖（グルコース）がレンガのように規則正しく結合し、植物をしっかりと支えています。この構造のお

1／有機化合物とは、炭素を骨格として、水素、酸素、窒素などの元素が結合した化合物の総称。有機化合物は、生命活動に欠かせない物質であり、タンパク質、脂質、炭水化物、核酸など、生物の体を構成する主要な成分となっている。また、プラスチック、医薬品、農薬など、私たちの生活を支える様々な製品にも利用されている。

2／炭素を含む有機化合物ではなく、無機化合物として存在する栄養素のこと。具体的には、カルシウム、鉄、

かげで、植物は直立し、風雨に耐え、私たちに様々な恵みをもたらしてくれます。やがて植物が成長し、細胞が死んでも、この細胞壁は残り、木質となります。つまり、私たちが普段目にする木の幹や枝は、セルロースによって形作られているのです。

植物を燃やした後に残る灰には、ミネラルが豊富に含まれています。ミネラルとは、カルシウムや鉄、カリウムなどの有機物以外の栄養素[2]のことです。灰に含まれるカリウムは、燃焼を経て炭酸カリウムとなり、古くから洗剤や毒消しに利用されてきました。また、灰は土壌のアルカリ性を高め、植物の成長を促進する効果があるため、肥料としても重宝されてきました。

セルロースは、その強固な構造から、引っ張りに強く、破れにくい性質を持っています。また柔軟で加工がしやすく、吸湿性にも優れています。これらの特性により、古くから紙や布地の原料として広く利用されてきました。

さらに、科学者たちは、セルロースを分解してエタノールなどのバイオ燃料を生産する技術の開発に取り組んでいます。この技術が確立されれば、再生可能なエネルギー源としての植物の利用が拡大し、地球環境にも貢献できるで

カリウム、ナトリウム、マグネシウム、亜鉛、銅、マンガン、セレンなどのミネラルを指す。これらのミネラルは、植物や動物の成長、代謝、健康維持に必要不可欠な要素であり、植物を燃やした後に残る灰に含まれている。

しょう。[3]

セルロースとデンプンは似て非なる構造

セルロースとデンプンは、どちらもブドウ糖という小さな分子が何百、何千とつながった「多糖類」と呼ばれる仲間です。しかし、この二つには決定的な違いがあります。

ブドウ糖には上下があり、デンプンはすべてのブドウ糖が同じ向きにつながっています。一方、セルロースはブドウ糖が交互に逆向きにつながっているのです。この違いが、消化のしやすさに大きく影響します。

デンプンもセルロースも、消化されれば最終的には同じブドウ糖になりますが、人間はセルロースを分解する酵素を持っていないため、消化できません。一方、草食動物はセルロースを分解する酵素を持っているため、草や木の葉を食べてエネルギーに変えることができます。

もし人間もセルロースを消化できたら、食料危機は過去のものになっていた

3／ブドウ糖を酵素や微生物の力で分解し、発酵させることでエタノールなどのバイオ燃料を生産できる。セルロース由来のバイオ燃料は、燃焼時に二酸化炭素を排出するが、原料となる植物が成長過程で光合成により二酸化炭素を吸収するため、実質的に地球温暖化の原因となる二酸化炭素の排出量を増やさない。

かもしれません。しかし、現実はそう甘くありません。それでも、セルロースは紙やバイオ燃料など、様々な形で私たちの生活を支えてくれています。

2 建材と植物繊維

植物は、人類の進化と文明の発展に不可欠な存在であり、特に建材と繊維としての利用は、私たちの生活様式に大きな影響を与えてきました。

快適な住まいを支える木材

セルロースを主成分とする細胞壁が積み重なってできた木材は、古くから人類の住まいを支えてきました。日本の伝統的な木造建築は、高温多湿な気候に適した優れた断熱性と調湿性を持ち、夏は涼しく、冬は暖かい快適な住環境を提供してくれます。

例えば、日本の代表的な伝統建築である「合掌造り《がっしょうづくり》」[4]は、急勾配の茅葺き《かやぶ》屋根が特徴です。この屋根は、セルロースを多く含む茅で作られており、断熱性

4／合掌造りは岐阜県の白川郷が有名。集落が世界遺産に登録されており、茅葺き屋根の伝統的な建築様式が保存されている。

と防水性に優れています。また、屋根裏空間を大きく取ることで、夏は熱気を逃がし、冬は暖気を保つ効果を発揮します。

また、日本の古民家に見られる「土壁《つちかべ》」も、セルロースを含む藁《わら》や土を混ぜて作られています。土壁は、調湿性に優れており、室内の湿度を快適に保つだけでなく、消臭効果や断熱効果もあります。

さらに、近年注目されている「CLT（直交集成板）」は、木材を繊維方向が直交するように重ねて接着したもので、強度が高く、大規模な建築物にも利用できます。CLTは、鉄筋コンクリートに比べて軽量で、耐火性、断熱性、耐震性にも優れており、大規模な建築物にも利用されています。加工が容易な上に、環境負荷も低いという特徴があります。

植物繊維が生み出す、機能的で美しい衣服

人類は体毛を持たないため、衣服は体温調節や外傷からの保護に不可欠です。氷河期のような厳しい寒さの中では、動物の毛皮が重要な役割を果たしました

が、それ以外の季節には、植物の葉や茎の皮をつなぎ合わせて衣服を作っていたと考えられています。

その後、人類は麻などの植物繊維を紡いで糸を作り、布を織る技術を開発しました。植物繊維の主成分であるセルロースは、強靭で柔軟性があり、衣服に最適な素材です。特に、セルロースの吸湿性と放湿性は、衣服内の湿度を調整し、快適な着心地を保つ上で重要な役割を果たします。また、通気性にも優れているため、夏は涼しく、冬は暖かいという、優れた体温調節機能を発揮します。

さらに、植物繊維は染色しやすく、多様な色や模様を表現できるため、衣服はファッションや文化を象徴するものへと進化しました。

現代では、植物繊維は環境に優しい素材として再評価されています。石油由来の合成繊維と比べて、植物繊維は生分解性[5]があり、環境負荷が低いという特徴があります。また、近年では、セルロースを原料とする再生繊維や、廃棄された植物繊維を再利用する技術も開発されており、持続可能な繊維産業の実現に向けて研究が進められています。

5／生分解性とは、微生物や自然の作用によって分解され、最終的に自然界に無害な形で戻る性質のこと。

3 熱と光

植物の主要成分であるセルロースは、人類が火を手に入れたことで、その潜在能力を最大限に引き出すことを可能にしました。暖かさ、光、そしてそこから生まれる文化や技術革新は、セルロースという植物の贈り物なしにはあり得なかったでしょう。

人類の生活を拡張した火

木材は、人類が長らく頼ってきた、主要な熱エネルギー源でした。化石燃料が利用されるようになるまでの長い間、人類は木材を燃やすことで得られる熱で暖を取り、調理をし、生き延びてきました。木材は、燃焼時に二酸化炭素を排出しますが、それは植物の成長過程で光合成によって吸収したものです。つまり、木材はカーボンニュートラルな再生可能エネルギー源であり、地球環境への負荷が少ないエネルギーと言えるでしょう。
火の明かりは、人類の活動時間を延長し、洞窟生活から脱却するきっかけとなりました。夜間でも活動できるようになったことで、人類はより多くの時間をコミュニケーションや道具の製作、芸術活動などに費やすことができるようになりました。火の明かりは、人類の脳の発達にも影響を与えたと考えられています。夜間の活動によって、視覚情報だけでなく、聴覚や嗅覚などの感覚情報も重要になり、脳の様々な領域が活性化された可能性があるのです。

芸術と宗教の起源

洞窟の壁を照らす火の明かりは、人々に影絵のような幻想的な光景を見せました。この体験は、彼らが洞窟の壁に絵を描くという芸術活動の始まりを促したと考えられています。アルタミラやラスコーの洞窟に残された壁画は、人類の創造性と美意識の芽生え、そして精神世界の発展を物語っています。[6]

6／アルタミラ洞窟はスペインにある洞窟で、約一万五〇〇〇年前のもの。ラスコー洞窟はフランスにある洞窟で、約一万七〇〇〇年前のもの。いずれも世界遺産に登録されている。

7／例えば、ゾロアスター教では火は最高神アフラ・マズダーの象徴とされ、ヒンドゥー教では火の神アグニが儀式に欠かせない家庭の神として崇拝されている。古代ギリシャ・ローマでは炉の神ヘスティア（ヘスティアー）や鍛冶の神ヘーパイストス（ローマではウェスタとウルカヌス）など、火に関連する神々が信仰され、日本の神道でも火は神聖な力を持つと考えられている。

火は、人類にとって畏怖と崇拝の対象でもありました。火を囲んで暖を取り、調理をする中で、人々は火の持つ不思議な力に畏敬の念を抱き、火を神聖視するようになりました。[7] 火を崇拝する儀式や祭りは、共同体の結束を強め、社会の秩序を維持する役割を果たしたと考えられています。

土器と金属の利用による文明の進歩

火は、土器の焼成や金属の精錬にも利用され、人類の技術革新と文明の進歩に大きく貢献しました。

人類は、火をより効率的に利用するために、地面に穴を掘ったり、土器で竈《かまど》を作ったりするようになりました。竈は、薪を入れる穴と空気を入れる穴があり、空気の流れを制御することで火力を調整することができました。さらに、火吹き竹や鞴《ふいご》といった道具の発明により、より高温の火を安定して得られるようになり、木炭を利用することで一〇〇〇度C近い高温を達成することも可能になりました。

この高温の火を利用することで、土器の焼成技術が飛躍的に向上し、縄文土器や火焰《かえん》型土器[8]のような、より硬く、より精巧な土器が作られるようになりました。土器は、食物の保存や調理に利用され、人類の食生活を豊かにしました。また、高温の火は、金属の精錬も可能にしました。人類は、銅や鉄などの金属を精錬し、農具や武器、道具などを作り出すことで、農業生産性を向上させ、生活を豊かにしました。青銅器や鉄器の登場は、人類の歴史に大きな転換点をもたらし、文明の進歩を加速させました。

このように、セルロースを主成分とする木材は、燃料としてだけでなく、土器や金属器の製造技術の発展にも大きく貢献し、文明を飛躍的に発展させる原動力となりました。

8／火焰型土器は、縄文時代中期に日本列島各地で作られた土器の一種。燃え上がる炎のような形が特徴で、縄文土器の中でも特に装飾性に優れている。縄文時代中期は、今から約五五〇〇年前から四四〇〇年前までの期間を指し、縄文文化が最も繁栄した時期の一つ。

4 文字と思索

セルロースから作られる紙は、人類の思考を記録し、深める上で重要な役割を果たしてきました。エジプト文明を育んだナイル川流域では、「パピルス」という葦が繁茂していました。古代エジプト人は、パピルスの茎を薄く切って並べ、叩いて繊維を絡ませることで、シート状の筆記媒体を作りました。これがパピルス紙と呼ばれ、現代の紙の原型を作り出しました。[9] 紀元前三〇〇〇年頃のことです。

一方、ヨーロッパでは紀元前二世紀頃に羊の皮をなめした羊皮紙[10]が発明され、これらセルロースやタンパク質を主成分とする筆記媒体は、人類の文字文化の発展に大きく貢献しました。

9／パピルス紙が紙の原型になった理由は、パピルスがナイル川流域に豊富に自生していて容易に入手できたこと、茎が柔らかく加工がしやすかったこと、長期間保存することが可能だったことが挙げられる。

10／羊やヤギの皮を加工して作られた、なめらかな筆記媒体。古代から中世にかけてヨーロッパで広く使用された。

多様な表現と記録手段

文字の誕生は、人類が思考を記録し、伝達する手段を手に入れた画期的な出来事でした。象形文字のように絵画を単純化したものから、表音文字のように音を表す記号へと進化し、文字は多様な文化圏で独自の形態を形成してきました。例えば、エジプトのヒエログリフは紀元前三〇〇〇年頃に登場し、メソポタミアの楔形《くさびがた》文字は紀元前三二〇〇年頃に商取引や法律の記録に利用されました。

文字は必ずしも視覚的な表現だけではありません。マヤ文明の「紐《ひも》文字（キープ）」のように、紐の長さや模様で情報を記録する方法も存在しました（紀元前二〇〇〇年頃）。このような多様な文字の形式は、人類の創意工夫と、記録・伝達への飽くなき探求心を示しています。

文字が生み出した思考の深化

11／文字の発明と思索の関係に関連した逸話として、古代ギリシャの哲学者ソクラテスとプラトンの対話が有名。ソクラテスは、文字の使用に懐疑的で、文字によって記録された知識は、真の知恵ではなく、単なる情報の集積にすぎないと考えていた（文字で記された知識は、対話を通じて深められる生きた知識とは異なり、固定的で柔軟性に欠けるとみなした）。一方、ソクラテスの弟子であるプラトンは、文字の重要性を認識していた。彼は、ソクラテスとの対話を文字で記録することで、その思想を後世に伝えることができると考え、自らの哲学的著作を通じて文字が思想を深化させ、広く共有するための強力なツールであることを示した。この文字の発明は、人類が「思索」する能力を飛躍的に高めるきっかけとなりました。思索とは、過去の思考を振り返り、新たな考えを積み重ねていくプロセスです。

古代エジプトの哲学者たちは、紀元前五世紀頃にパピルスに自らの考えを書き記し、それを元に議論を深めていきました。また、中世ヨーロッパでは修道士たちが羊皮紙に聖書を写し、その解釈を通じて神学を発展させました。

紙のような、持ち運び可能でいつでも書き込める筆記媒体の登場は、思索の自由度をさらに高めました。紙に記録された情報は、多くの人々によって読み返され、分析され、新たな知識の創造を促しました。

このように、セルロースを主成分とする紙は、人類の思考を深化させ、文明の発展を支えてきたと言えるでしょう。それは、単なる記録媒体ではなく、人類の知性と創造性を刺激する触媒としての役割を果たしてきたのです。[11]

ソクラテスとプラトンの対話は、文字の発明が人類の思索に与えた影響について、古代から議論されていたことを示す好例と言える。

5 記録媒体の進化

人類は、様々な媒体に情報を記録し、後世に伝えてきました。その歴史は、植物由来のセルロースを主成分とする紙とパピルスの登場によって大きく飛躍しました。セルロースは、多数のグルコース分子が鎖状に連なった天然高分子であり、植物細胞の細胞壁の主成分です。このセルロースの繊維が網目状に絡み合うことで、植物は強靭な構造を手に入れ、紙の耐久性にも繋がっています。

植物繊維が生み出した媒体

紙は、植物の繊維（セルロース）を精製し、粘着物質を加えて薄く漉《す》き、乾燥させたものです。それぞれの国や地域で、特有の植物を用いて独自の紙が作られてきました。

12／和紙の起源は、飛鳥時代に中国から伝来した技術にあり、奈良時代には公式文書や宗教的用途で使用され、平安時代には貴族の間で広く使用された。主要な生産地としては美濃（岐阜県）や越前（福井県）が知られている。この地域が和紙の主要な産地になった理由は、美濃の長良川や越前の九頭竜川の水が和紙作りに理想的な軟水だったこと、原材料となる植物が豊富に自生していたこと、気候が適していたことなどが挙げられる。

日本の和紙[12]は、楮《こうぞ》や三椏《みつまた》の繊維と、トロロアオイの粘液を混ぜて作られます。楮や三椏の繊維は長く強靭であり、トロロアオイの粘液は、セルロース繊維同士を接着させる役割を果たし、紙の強度を高めます。これらの組み合わせにより、薄くて丈夫で、長期保存に適した和紙が生まれます。しかし、和紙は楮や三椏の栽培に手間がかかるため、大量生産には向いていませんでした。

一方、洋紙は、木材を化学的に処理して得られるパルプを原料としています。パルプとは、植物繊維をほぐして綿状にしたもので、セルロースの含有量が高いため、紙の強度や耐久性を高めることができます。

この木材パルプを波型に成型することで、軽量かつ強度のある段ボールが作られます。段ボールは、中芯の波型構造がクッションの役割を果たし、衝撃を吸収するため、包装材や緩衝材として広く利用されており、物流において重要な役割を果たしています。

ところで、紙の原料であるパルプは、木材だけでなく、使用済みの紙からも作ることができます（再生紙）。再生紙は、一度使用された紙を回収し、新たな紙へと生まれ変わらせたものです。古紙を水に溶かし、インクや汚れを取り除き、繊維を再利用することで作られます。その歴史は古く、日本では平安時代から「反故紙《ほごがみ》」と呼ばれる再生紙が使用されていたことがわかっています。

再生紙と新しい紙には、いくつかの違いがあります。再生紙は、新しい紙に比べて白さが劣り、色のついた繊維が混じっていることもあります。また、再生回数が増えるにつれて繊維が短くなり、強度が低下する傾向があります。しかし、技術の進歩により、再生紙の品質は年々向上しています。現在では新しい紙と遜色ない品質の再生紙も数多く存在します。再生紙は、資源の有効活用と環境保護の観点から、今後もますます重要な役割を果たすことが期待されています。

磁気記録と紙の共存

二〇世紀後半に登場した磁気記録は、鉄粉に磁力で情報を記録する技術です。その記録容量は膨大で、処理速度も非常に速く、現代の情報化社会を支えています。しかし、磁気記録は、磁気嵐や物理的な衝撃の影響を受けやすく、長期

13／正倉院は、奈良県にある東大寺の宝庫で、奈良時代（七五六年）に聖武天皇の遺品を収めるために建てられたとされる。聖武天皇の遺品のほか、シルクロードを経由して日本に伝わった品々、奈良時代の貴重な文化財も多数収蔵されている。建物自体も、校倉造という独特の建築様式を持ち、歴史的価値が高い。正倉院には、およそ九〇〇〇点の文化財が収蔵されており、そのうち二一九点が国宝に指定されている（二〇二三年現在）。

的な情報の保存には課題が残ります。

一方、紙は、人類の歴史とともに歩んできた記録媒体であり、適切に保管すれば数百年、数千年という長い時間、情報を保存することができます。例えば、正倉院[13]に保管されている古文書は、一三〇〇年以上前の情報を現在に伝えています。これは、セルロースの安定性と、それを利用した紙の耐久性の高さを示すものです。

現代では、洋紙の製造技術が進歩し、中性紙と呼ばれる長期保存に適した紙が開発されています。中性紙は、酸性物質を除去または中和することで、紙の劣化を防ぎ、数百年以上の保存が可能となりました。

このように、セルロースを主成分とする紙は、人類の叡智と文化を未来へ伝える、かけがえのない媒体であり続けています。デジタル化が進む現代においても、紙の持つ独特の質感や信頼性は、私たちにとって重要な価値を持ち続けていると言えるでしょう。

第7章

化石燃料

産業革命を推進した素材

化石燃料は、太古の生物の遺骸が長い年月をかけて変化した、地球からの贈り物とも言えるエネルギー源です。しかし、一九世紀の産業革命以降、人類はこの贈り物を無尽蔵に使い続けてきました。その結果、地球温暖化や異常気象、そして人口増加による資源の枯渇など、様々な問題が顕在化しています。

一方で、世界人口は増加の一途をたどり、今世紀半ばには一〇〇億人に達すると予測されています。地球は、増え続ける人口と、気候変動による環境悪化という二重の危機に直面しているのです。

私たちがこのまま化石燃料を使い続ければ、地球は平衡状態を保てなくなるかもしれません。そろそろ真剣に考えるべき時でしょう。

1 文明発展のエネルギー

化石燃料は、太古の植物や微生物の死骸が地中に堆積し、長い年月をかけて地質学的、化学的変化を経て生成されたものです。石炭は主に植物が、石油や天然ガスは主に海洋性プランクトンなどの微生物が起源と言われています。これらの化石燃料は、人類の文明発展に不可欠なエネルギー源として、産業革命以降、爆発的な経済成長を牽引してきました。

化石燃料の誕生

化石燃料の生成過程はその種類によって異なります。石炭は植物が地中に埋もれ、酸素の少ない環境で分解される過程で、徐々に水分や揮発成分が失われ、炭素濃度が高くなることで形成されます。その生成過程は、数百万年以上の長

1／植物が完全に分解されずに堆積したものが「泥炭」。泥炭は石炭化の初期段階であり、そこから長い年月をかけて地熱や地圧の影響を受け、徐々に水分や不純物が失われ、炭素濃度が高まっていく。この炭化の過程は、泥炭→褐炭→亜炭→瀝青炭→無煙炭の順に進み、「無煙炭」が最も炭化が進んだ状態の石炭。

い時間をかけて進行します。石炭は泥炭《でいたん》、褐炭《かったん》、亜炭《あたん》、瀝青炭《れきせいたん》、無煙炭《むえんたん》と、段階的に変化していきます。[1] これらの変化は地球の環境変動と密接に関連しており、石炭の種類によって、含まれる炭素量や発熱量、利用方法が異なります。例えば、無煙炭は炭素含有量が高く、高品質な燃料として産業革命期の蒸気機関の燃料として重宝されました。

一方、石油や天然ガスは、主に海洋性プランクトンなどの微生物が海底に堆積し、バクテリアによる分解と地熱や地圧による化学変化を受けて生成されます。この過程にはケロジェンと呼ばれる有機物の中間生成物が関与しており、その組成や生成環境によって、原油の種類や性状が異なります。原油は、蒸留などの精製過程を経て、ガソリン、灯油、軽油、重油など、様々な石油製品に分けられ、現代社会の輸送や工業の基盤を支えています。

有限な資源と技術の進歩

化石燃料は地下に埋蔵されていますが、その総量は不明です。私たちが把握しているのは、現在発見されている埋蔵場所とその量だけです。地下深くにはまだ見ぬ資源が眠っている可能性もあり、技術の進歩によって可採埋蔵量はこれまでも変化し続けてきました。可採埋蔵量とは、現在の技術で経済的に採掘可能な埋蔵量を指します。

近年では、水平掘削や水圧破砕といった技術の進歩により、採掘が困難とされていたシェールガスやシェールオイルの採掘が可能となりました。これを「シェール革命」と呼び、エネルギー供給の大きな変化をもたらしました。

シェール革命は、主にアメリカで起きた石油・天然ガス産業における技術革新と生産拡大を指す現象です。この技術革新によってアメリカの石油・天然ガス生産量が急増し、エネルギー自給率が大幅に向上しました。その結果、二〇一五年には四〇年間続いた原油輸出禁止法が解除され、二〇一九年にはアメリカが純石油輸出国に転じるという歴史的な転換点を迎えました。[2]

エネルギー問題と持続可能な社会への挑戦

2／これにより、中東諸国やロシアといった主要な石油輸出国の影響力が相対的に低下し、地域の安全保障状況に変化をもたらした。米軍の世界展開戦略にも影響が出て、中東からアジア太平洋地域へのシフトが進んだ遠因にもなっている。

3／国際エネルギー機関（IEA）、BP統計レビュー、米国エネルギー情報局（EIA）などによる（二〇二三年）。

可採埋蔵量を現在の消費ペースで使い続けると、あと何年で枯渇するのかを示すのが「可採年数」です。石炭は約一三〇年、石油・天然ガスは約五〇年とされていますが、これは現時点での試算にすぎません[3]。

一九七〇年代のオイルショック以降、化石燃料の有限性に対する危機感が高まり、省エネルギー技術の開発や再生可能エネルギーの導入が進められてきました。しかし、依然として化石燃料への依存度は高く、エネルギー問題の解決は喫緊の課題となっています。

化石燃料は人類の文明発展に大きく貢献してきましたが、大量消費による環境汚染や資源の枯渇といった深刻な問題も引き起こしています。私たちは、化石燃料の有限性を認識し、再生可能エネルギーの利用拡大やエネルギー効率の向上など、持続可能なエネルギー社会の実現に向けて、新たな技術開発やライフスタイルの変革に取り組んでいく必要があります。エネルギーミックスの多様化は、エネルギー安全保障の観点からも重要であり、世界各国がその実現に向けて模索を続けています。

2 燃焼生成物と環境への影響

化石燃料の主成分である炭素と水素は、燃焼するとそれぞれ二酸化炭素と水に変化し、エネルギーを発生させます。特に、二酸化炭素は地球温暖化の主な原因として、私たちの生活に様々な影響を及ぼしています。

二酸化炭素と地球温暖化

大気中の二酸化炭素は、太陽からの熱を地球に閉じ込め、気温上昇を引き起こす温室効果ガスの一種です。温室効果ガスには、メタンやフロンなど様々な種類がありますが、産業革命以降、人間の活動、特に化石燃料の大量消費によって、大気中の二酸化炭素濃度は他の温室効果ガスと比べて急激に増加し、地球温暖化の主な原因となっています。

4／二酸化炭素は、他の温室効果ガスと比較して大気中の濃度が非常に高く、さらに産業革命以降、その濃度が急速に増加している（主に人間活動による化石燃料の燃焼や森林伐採などが原因）。つまり二酸化炭素は、地球温暖化係数こそ低いものの、大気中濃度が非常に高く、その濃度が急速に増加しているため、地球温暖化への影響が最も大きいと考えられている。

温室効果ガスがどれだけ温暖化する能力を有するかを示す指標に、「地球温暖化係数」があります。これは、二酸化炭素を一とするもので、例えばメタンの地球温暖化係数は二五であり、二酸化炭素の二五倍の温室効果を持つことを意味します。しかし、大気中の濃度変化の大きさという点では、二酸化炭素が突出しており、地球温暖化への影響が最も大きいと考えられています。[4]

二酸化炭素が地球温暖化に及ぼす影響は、大気中での温室効果だけではありません。二酸化炭素は水に溶ける性質があり、海水にも大量に溶け込んでいます。しかし、水温が上昇すると二酸化炭素の溶解度は低下し、海水から大気中へと放出される量が増えます。地球温暖化によって海水温が上昇すると、この現象がさらに加速され、温暖化をさらに悪化させるという悪循環が生じます。

酸性雨の発生メカニズム

化石燃料には、炭素と水素だけでなく、硫黄や窒素といった不純物が含まれています。特に石炭にはこれらの不純物が多く、燃焼時に硫黄酸化物や窒素酸化物を発生させます。これらの物質は、大気汚染や酸性雨の原因となり、私たちの生活環境に様々な悪影響を及ぼします。

硫黄酸化物や窒素酸化物は大気中で水と反応し、硫酸や硝酸といった強酸に変化します。[5] これらの酸は雨に溶け込み、酸性雨となって地上に降り注ぎます。雨の酸性度を示す指標としてpH《ペーハー》（水素イオン指数）が使われ、値が小さくなるほど酸性が強くなります。本来、雨は空気中の二酸化炭素が溶け込むため、わずかに酸性（pH五・六程度）です。しかし、硫黄酸化物や窒素酸化物の増加により、雨の酸性度はさらに高まり、生態系や建造物に深刻な影響を及ぼす「酸性雨」となります。

酸性雨による被害

酸性雨は、建造物や金属を腐食させるだけでなく、生態系にも深刻な影響を及ぼします。

建造物への影響として、コンクリートを劣化させます。コンクリートはアル

5／硫黄酸化物は、主に化石燃料の燃焼によって発生する大気汚染物質。二酸化硫黄が代表的。一方、窒素酸化物は、主に自動車の排気ガスや工場の排煙によって発生する大気汚染物質。二酸化窒素が代表的。

6／一九六〇年代に三重県四日市市で発生した大気汚染による公害病で、日本の四大公害病の一つ。石油化学コンビナートから排出された硫黄酸化物が原因で、一〇〇〇人を超える住民が喘息などの呼吸器疾患に苦しみ、一〇〇人以上が命を落とした。激しい咳や呼吸困難に悩まされ、日常生活に支障をきたす人々も多くいた。

カリ性ですが、酸性雨によって中和されると、強度が弱まり、ひび割れが生じやすくなります。ひび割れから酸性雨が浸透すると、内部の鉄筋が錆びて膨張し、コンクリート構造物の崩壊につながることもあります。

酸性雨は、森林や湖沼の生態系にも深刻な被害をもたらします。土壌を酸性化させることで、植物の生育に必要な窒素、リン、カリウムなどの無機栄養分が溶け出し、植物の成長を阻害します。また、湖沼では、酸性度の上昇により、魚類や水生昆虫などの生物が死滅し、生態系のバランスが崩れます。

日本では、一九五〇年代末から一九七〇年代にかけて、三重県四日市市で発生した「四日市ぜんそく」[6]が、大気汚染による集団ぜんそく障害として社会問題になりました。石油化学コンビナートから排出された大量の硫黄酸化物が原因です。この事件は、大気汚染防止法の制定（一九六八年）など、環境対策の強化につながる契機となりました。

酸性雨は、砂漠化を加速させる要因の一つでもあります。酸性雨によって土壌が酸性化すると、植物の生育に必要なカルシウムやマグネシウムなどのアルカリ性物質が溶脱し、土壌は痩せてしまいます。さらに、酸性雨は土壌中の微生物の活動を阻害し、有機物の分解を妨げるため、土壌の肥沃度《ひよく》[7]が低下します。保水力も低下します。土壌中の粘土鉱物は、アルカリ性物質と結合することで土壌構造を安定させていますが、酸性雨によってアルカリ性物質が中和されると、粘土鉱物が分解し、土壌粒子が細かくなってしまいます。これにより、土壌の隙間が減り、保水力が低下するのです。

このような土壌の劣化は、植物の生育を困難にし、砂漠化を促進する一因となります。砂漠化は、干ばつや過放牧など様々な要因が複合的に絡み合って発生しますが、酸性雨は、土壌の劣化を通じて砂漠化を加速させる可能性があるのです。

7／土壌が植物を育てる能力。有機物やミネラルなどの栄養素の含有量、水はけ、通気性など様々な要因によって決まる。

3 石炭は近代化の源

石炭は、古生代から新生代にかけて地球上に繁茂した植物が地中に埋没し、酸素が少ない状態で途方もなく長い年月をかけて地圧と地熱によって変質し、炭化したものです。人類が最初に本格的に利用した化石燃料であり、一八世紀から二〇世紀にかけての産業革命を支える主要なエネルギー源となりました。一八〇四年に登場した世界初の蒸気機関車も、石炭を燃料としていました。石炭の利用は、工場制機械工業の発展を促し、大量生産を可能にしました[8]。これにより、人々の生活は劇的に変化し、都市化や経済成長が加速しました。

8／蒸気機関などの動力によって機械を動かし、工場で製品を大量生産する工業形態。問屋などが工場を建て、そこに労働者を集めて分業体制で製品を生産する工場制手工業から発展した。

固体燃料から多様なエネルギー形態へ

石炭は豊富で安価なエネルギー源ですが、固体であるため、運搬や利用に不便な側面がありました。そこで、石炭をより扱いやすい気体や液体に変換する技術が開発されていきました。これらの技術は、石炭の利用価値を高めるだけでなく、近代化学の発展にも大きく貢献しました。

石炭を空気を遮断して加熱分解する「乾留《かんりゅう》」は、古代から行われてきた技術です。乾留によって得られる「コークス」は、不純物が少なく、高熱を発生させるため、製鉄の燃料として不可欠な存在となりました。一八世紀のイギリスでは、エイブラハム・ダービー一世（一六七七〜一七一七）が石炭からコークスを製造する方法を開発し、鉄鋼業の飛躍的な発展に貢献しました。また、石炭を乾留した際に得られる粘性の液体「コールタール」からは、ベンゼン、トルエン、ナフタレンなどの芳香族化合物が得られます。これらは、染料、医薬品、プラスチックなど、様々な化学製品の原料として利用され、近代化学工業の発展を支えました。さらに、石炭を乾留した際に発生する可燃性ガス「石炭ガス」は、都市ガスとして照明や暖房に利用されました。

石炭をガス化し、一酸化炭素と水素の混合ガスを得る技術も開発されました。第二次世界大戦中、石油資源の乏しかったドイツは、この混合ガスから液体燃

9／FT法で得られる液体燃料は、軽油、灯油、ワックスなど多岐にわたり、目的の燃料に合わせて反応条件や触媒を調整することができる。なお、南アフリカ共和国は石油資源に乏しいことから、石炭液化技術を用いた燃料生産が盛んな国。

10／pH二はレモン汁（約二・四）と同程度で、非常に強い酸性。人間の体は弱アルカリ性のため、強酸性の霧に長時間さらされることは、呼吸器や目などの粘膜に深刻なダメージを与える。

11／石炭火力発電所は、石炭を燃焼させて発生する熱エネルギーを利用して発電する施設。具体的な二酸化炭素の排出量は、天然ガス火力発電所の約二倍、太

料を合成する「フィッシャー・トロプシュ法（FT法）」を用いて、石炭から航空機燃料やガソリンを製造しました。[9] この技術は、現在でも南アフリカ共和国などで利用されています。

産業革命と環境問題

石炭は、産業革命や近代化に貢献した一方で、大気汚染や地球温暖化などの環境問題を引き起こしました。一九五二年には、ロンドンで石炭の燃焼によるスモッグが発生し、一万人もの死者を出したと言われています。この「ロンドンスモッグ」の酸性度（pH）は二に達したという驚きの記録が残っていて、[10] 大気汚染の深刻さと環境保護の重要性を認識させるきっかけとなりました。

現代では、石炭の利用は減少傾向にありますが、依然として世界中で多くの石炭火力発電所が稼働しており、地球温暖化対策の大きな課題となっています。[11]

陽光発電の約七〇倍とされる。

4

石油は変幻自在

化石燃料の中で、現代社会において最も大量に消費されているのが石油です。原油は、地中や海底の油田から採掘される黒色の油状またはタール状の物質で、様々な炭化水素の混合物です。原油を蒸留することで、ガソリン、灯油、軽油、重油などの石油製品が得られます。[12] また、蒸留の過程で最後に残るピッチは、アスファルトや炭素繊維の原料として利用されています。石油は、産業革命以降、人類の文明を飛躍的に発展させる原動力となりました。

石油の起源をめぐる様々な仮説

石油の起源については、いくつかの仮説が提唱されています。

最も有力な説は、「有機起源説」で、数億年前の海洋性プランクトンなどの

12／原油を蒸留装置（蒸留塔）に入れ加熱すると、沸点の低い成分から順に気化し、塔の上部で冷却されて液体に戻る。この液体を回収することで、様々な石油製品が得られる。蒸留は、常圧蒸留と減圧蒸留に分けられ、常圧蒸留では主にガソリン、灯油、軽油が、減圧蒸留では重油や潤滑油が製造される。

微生物の遺骸が変化したとするものです。一方「無機起源説」では、地球内部の無機的な化学反応によって生成されたと主張します。また「惑星起源説」では、地球が形成された際に、宇宙空間に存在していた炭化水素が取り込まれ、それが石油の起源となったとする説です。さらに「細菌起源説」では、一部の微生物が石油を作り出すと提唱しています。これらの説は、それぞれ科学的な根拠に基づいていますが、未だ決定的な結論は出ていません。

石油化学の発展と人類史への貢献

一九世紀後半、石油の蒸留技術が確立されると、石油化学工業が急速に発展しました。石油から得られる様々な化合物は、合成樹脂(プラスチック)、合成繊維、合成ゴムなどの新素材の開発に利用され、私たちの生活を豊かにしました。例えば、ナイロンやポリエステルなどの合成繊維は、天然繊維よりも安価で耐久性が高く、衣料品の大量生産を可能にしました。また、プラスチックは、軽量で加工しやすく、安価であることから、包装材、容器、家電製品など、幅広い用途で利用されています。

石油化学の発展は、医薬品や農薬の開発にも貢献しました。石油由来の化合物は、抗生物質や鎮痛剤、殺虫剤などの原料として利用され、人々の健康と食料生産を支えています。

産業革命から現代社会へ

石油が産業革命以降、主要なエネルギー源として利用された背景には、その優れた特性があります。

まず、高いエネルギー密度[13]です。石炭と比較して、石油は単位重量当たりの発熱量が大きく、効率的なエネルギー源として利用できます。次に、液体であることが挙げられます。液体は、気体よりも貯蔵や輸送が容易であり、パイプラインやタンカーなどを用いて大量かつ効率的に輸送することができます。さらに、多様な用途への展開も可能です。石油は、蒸留によってガソリン、灯油、軽油、重油など、様々な燃料や化学製品の原料に分離することができます。

13／エネルギー密度とは、ある物質の単位質量（または単位体積）あたりに含まれるエネルギー量。エネルギー密度の高い物質は、少ない量で多くのエネルギーを得ることができる。

14／炭化水素化合物に含まれる炭素原子の数。炭素数が多いほど、分子量が大きく、沸点も高くなる傾向がある。

15／レギュラーガソリンとハイオクガソリンの主な違いは、オクタン価というアンチノック性を示す数値にある。オクタン価は、ガソリンに含まれるイソオクタンとn-ヘプタンの割合で決まり、日本では、レギュラーガソリンのオクタン価は約八九、ハイオクガソリンは約九八。オクタンガソリンは、炭素数[14]五～一〇程度の比較的軽い成分で、揮発性が高く、引火点も低いため、自動車やオートバイなどの内燃機関の燃料として主に利用されています。[15]

灯油は、炭素数一〇～一五程度の成分で、ガソリンよりも引火点がやや高く、比較的安全に扱えるため、暖房や調理用の燃料として広く利用されています。

軽油は、炭素数一五～二〇程度の成分で、ディーゼルエンジン[16]用の燃料として利用されています。トラックやバス、建設機械、農業機械などの動力源として不可欠です。

重油は、炭素数二〇以上の重い成分で、船舶や発電所のボイラーなど、大型の動力源の燃料として利用されています。

これらの特性により、石油は、蒸気機関や内燃機関の燃料として利用され、産業革命以降の技術革新を加速させたのです。

価が高いほど、圧縮時に自己着火（ノッキング）しにくくなることから、ハイオクは高性能エンジンや高圧縮比エンジンに適しています。

16／軽油を燃料とし、圧縮着火によって動力を得る内燃機関。

5
比較的クリーンな天然ガス

天然ガスは、主にメタンを主成分とする無色無臭の気体であり、地球上に天然に存在する化石燃料の一つです。その歴史は古く、紀元前五〇〇年頃の中国では、すでに竹筒を使って天然ガスを輸送し、照明や暖房に利用していた記録が残っています。

起源と組成

天然ガスの起源は、主に有機成因と無機成因の二つに大別されます。有機成因の天然ガスは、太古の生物の遺骸が地熱や地圧によって分解・変成されて生成されたもので、石油の生成過程と密接に関連しています。一方、無機成因の天然ガスは、地球深部のマントル（地球の地殻と核の間にある層）で発生したものが地表に上昇してきたと考えられています。

天然ガスの主成分であるメタンは、炭素数が少ないため、燃焼時に排出される二酸化炭素の量が石炭や石油に比べて少なく、硫黄酸化物もほとんど発生しません。そのため、天然ガスは比較的クリーンなエネルギー源として、地球温暖化対策の観点からも注目されています。

天然ガスの多用途利用

天然ガスは、そのクリーンな性質から、発電、都市ガス、工業用燃料など、幅広い用途で利用されています。特に近年では、天然ガスを火力発電の燃料として利用する動きが加速しており、二酸化炭素排出量の削減に貢献しています。例えば、日本では、東日本大震災以降、多くの原子力発電所の稼働が停止している中、天然ガス火力発電が電力供給の重要な役割を担っています。

また、天然ガスは、メタノール（燃料やプラスチックの原料として利用されるアルコールの一種）やアンモニア（肥料や化学製品の原料）などの化学製品の原料としても重要です。さらに、天然ガスから水素を製造する技術も注目されています。水素は、燃焼しても水しか発生しないクリーンなエネルギー源であり、「水素社会」の実現に向けた鍵として期待されています。

しかし、課題もあります。天然ガスは気体であるため、長距離輸送や大量貯蔵には、液化天然ガス（LNG）としてマイナス一六二度Cまで冷却し、体積を約六〇〇分の一に縮小する必要があります。つまり、この液化・輸送プロセスには莫大なエネルギーとコストがかかり、その過程で温室効果ガスが排出されるのです。

技術革新と天然ガスの未来

現在、天然ガスをよりクリーンなエネルギー源として活用するため、様々な技術革新が進められています。例えば、前述の水素製造技術に加え、天然ガスを燃焼させて発電する際に発生する二酸化炭素を回収・貯留する技術（CCS）も、地球温暖化対策として期待されています。すでにノルウェーでは「Sleipner プ

17／天然ガスから二酸化炭素を分離し、海底下約一〇〇〇メートルの砂岩層に注入している。このプロジェクトは、ノルウェーの北海に位置するSleipnerガス田で行われており、Equinor社（旧Statoil）が運営していて、ノルウェー政府が導入した二酸化炭素排出税により経済的に実現可能となった。本プロジェクトの成功は、CSS技術の有効性を証明し、特にセメント製造や航空業界などの脱炭素が難しい分野において重要なツールとなることが期待されている。

ロジェクト」として、一九九六年からCCSによる二酸化炭素の貯留が行われています。[17] このプロジェクトは、年間約一〇〇万トンの二酸化炭素を貯留する能力を持ち、開始以来、既に一七〇〇万トン以上の二酸化炭素を貯留していて、今後の世界のエネルギー供給に重要な役割を果たすことが期待されています。

一方、海上での天然ガスの液化と輸送技術も注目されています。LNGの技術により、天然ガスを液化して体積を大幅に減らし、輸送を容易にすることで、陸上インフラに依存しない新たなエネルギー供給ルートを確立することが可能となりました。これにより、天然ガスの輸送と供給の柔軟性が向上し、世界中のエネルギー市場に新たな可能性をもたらしています。

これらの技術革新は、天然ガスをよりクリーンで持続可能なエネルギー源として利用するための鍵となるでしょう。

6

新しい化石燃料

従来の化石燃料に加え、近年では新たなタイプの化石燃料が注目されています。それは、シェールガスとメタンハイドレートです。これらの新しいエネルギー源は、従来の化石燃料とは異なる特徴を持ち、エネルギー供給のあり方や地球環境に大きな影響を与える可能性を秘めています。

シェールガス

シェールガスは、頁岩《けつがん》（シェール）と呼ばれる堆積岩層中に存在する天然ガスです。従来の天然ガスよりも埋蔵量がはるかに多いとされており、エネルギー資源としての期待が高まっています。

二〇〇〇年代にアメリカで開発された水平掘削と水圧破砕を組み合わせた技

18／永久凍土層は、年間を通して〇度C以下の状態が続く土壌層。日本周辺海域には、砂層型メタンハイドレートと表層型メタンハイドレートの二種類が存在することが確認されている。

術により、シェールガスの商業生産が可能となりました。これにより、アメリカは天然ガスの純輸出国となり、世界のエネルギー市場に大きな影響を与えています。

しかし、この採掘方法には、大量の水の使用や地下水汚染、地震誘発などの環境問題が懸念されています。そのため、シェールガス開発は、経済的な利益と環境保護のバランスをいかに取るかが課題となっています。

メタンハイドレート

メタンハイドレートは、低温高圧条件下で生成するもので、メタン分子が水分子に囲まれた構造を持つシャーベット状の物質です。火を近づけると燃えることから、「燃える氷」とも呼ばれます。

メタンハイドレートは、主に海底や永久凍土層に存在し、日本近海にも世界有数の埋蔵量があると推定されています。[18] その可採埋蔵量は、日本の天然ガス消費量の一〇〇年分以上に相当すると言われ、エネルギー安全保障の観点からも注目されています。

日本政府は、二〇一三年に世界で初めてメタンハイドレートの海洋産出試験に成功し[19]、二〇一八年には経済産業省が「メタンハイドレート資源開発計画」を策定するなど、メタンハイドレートの実用化に向けた技術開発と商業化を目指しており、将来的には日本のエネルギー供給に重要な役割を果たすことが期待されています。

しかし、メタンハイドレートからメタンを効率的に取り出す技術や、採掘に伴う環境影響評価など、実用化には多くの課題が残されています。特に、メタンハイドレートの分解によってメタンが大量に大気中に放出されると、地球温暖化を加速させる恐れがあるため、慎重な研究開発が必要です。

新たなエネルギーへの期待

人類は、長い歴史の中で、火をエネルギー源として利用してきました。産業革命以降は、石炭、石油、天然ガスといった化石燃料が、私たちの生活を支え

19／この試験は、愛知県と三重県の沖合に位置する南海トラフの第二渥美海丘で行われた。日本石油天然ガス・金属鉱物資源機構（JOGMEC）が主導し、約一二万立方メートルのメタンガスを生産した。

てきました。しかし、これらの化石燃料の大量消費は、地球温暖化や大気汚染などの環境問題を引き起こしています。そのため、化石燃料に依存しない、持続可能なエネルギー社会の実現が急務となっています。

シェールガスやメタンハイドレートは、化石燃料からの脱却に向けた重要な選択肢の一つです。しかし、これらの新たなエネルギー源の利用には、環境への影響を最小限に抑える技術開発が不可欠です。

私たちは、化石燃料の恩恵に感謝しつつ、その限界を認識し、再生可能エネルギーの利用拡大や省エネルギーの推進など、持続可能なエネルギーシステムの構築に向けて努力していく必要があります。

第 8 章

ワクチン

人類を感染症から救った素材

後世の歴史書は、新型コロナウイルス感染症をどのように評価するのでしょうか。パンデミックによる混乱と恐怖は、今となっては遠い過去の出来事のように思えます。しかし、この危機を乗り越えられたのは、mRNAワクチンという新たな科学技術の登場があったからこそではないでしょうか。

ワクチンの歴史は、一八世紀末にジェンナーが種痘を開発したことに始まります。その後、様々なワクチンが開発され、多くの感染症が克服されてきました。

しかし、感染症との戦いに終わりはありません。新たな脅威は常に潜んでおり、私たちは決して油断することなく、常に次の脅威に備える必要があります。

1 感染症との闘い

人類は誕生以来、生命を脅かす様々な外敵と戦ってきました。中でも、目に見えない病原体による感染症は、人々に大きな恐怖を与え、歴史の節目で文明を揺るがすほどの猛威を振るってきました。

黒死病の恐怖と科学の芽生え

一四世紀、ヨーロッパを襲ったペスト(黒死病)は、社会に壊滅的な打撃を与えました。感染者は皮膚が黒く変色し、高熱やリンパ節の腫れ(腺ペスト)、肺への感染(肺ペスト)を引き起こしました。当時、効果的な治療法はなく、約二五〇〇万人が命を落としたとされています。この未曽有の危機に対し、修道士たちは患者の治療に奔走しました。彼らは全身を衣服や仮面で覆い、鳥の

1/農奴解放とは、封建制において、領主に隷属していた農民が自由を獲得すること。ペストによる労働力不足が、農奴の地位向上と解放を促した。また、封建制とは、中世ヨーロッパで成立した社会制度。領主と農民の間で、土地と保護の対価として労働や貢納が行われる関係を基盤とする。

くちばしのようなマスクを着用しました。マスクの中には殺菌効果があると信じられていたハーブが詰め込まれていました。これは、現代のアロマセラピーに通じる考え方であり、当時の医療知識に基づいた最善策でした。

ペストの流行は、ヨーロッパの人口の約三分の一から半分を死に至らしめ、社会構造を大きく変えました。労働力不足は農奴解放の契機となり、封建制の崩壊を加速させました。[1] また、この流行は衛生観念の向上や医学の発展を促すきっかけともなりました。

天然痘《てんねんとう》と種痘《しゅとう》の開発

一六世紀、ヨーロッパ人がアメリカ大陸に持ち込んだ天然痘は、免疫を持たない先住民たちを襲い、多くの文明に壊滅的な影響を与えました。特にインカ帝国はこの感染症により大きな打撃を受け、帝国崩壊の一因となりました。天然痘は高熱、発疹、膿疱《のうほう》を引き起こし、重症化すると死に至る非常に感染力の強い病気でした。

日本でも天然痘は猛威を振るいました。戦国時代に活躍した仙台藩の伊達政宗は、片目が失われたことで有名ですが、これは一般的に天然痘によるものだと言われています。また、幕末に日本を訪れたアメリカの使節団は、当時の日本人に見られる天然痘の後遺症であるアバタ（ケロイド状の凹凸）に驚きを感じたと伝えられています。さらに、明治天皇の父である孝明天皇も天然痘によって命を落としたという説があります。

一八世紀後半、イギリスの医師エドワード・ジェンナー（一七四九～一八二三）は、牛に感染する比較的軽症の病気である牛痘にかかった人々が、天然痘にかからないという点に着目しました。そこで彼は、牛痘ウイルスを人体に接種することで、天然痘ウイルスに対する免疫を作り出すという画期的な方法を開発しました。これが「種痘法」です。種痘は、弱毒化または無毒化した病原体を接種することで、免疫を獲得させる予防法であり、天然痘の撲滅に大きく貢献しました。その結果、一九八〇年には、世界保健機関（WHO）によって天然痘の根絶宣言が出されました。[2]

2／天然痘は「根絶」が宣言された唯一の感染症。天然痘ウイルスはヒト以外の宿主を持たず、不顕性感染もないため、根絶が可能だった。他の感染症にもワクチンが存在するが、天然痘のように完全に根絶された例はない。

2 ワクチンの開発

ワクチンは、人類の英知と科学の進歩の結晶であり、感染症との闘いにおける最も強力な武器の一つと言えるでしょう。一七九六年、イギリス医師ジェンナーが天然痘の予防法として種痘を開発したことが、ワクチンの歴史の始まりです。

ワクチン開発の歴史

ジェンナーの種痘法の成功は、感染症予防への新たな道を切り開きました。一九世紀に入ると、フランスの科学者ルイ・パスツール（一八二二〜一八九五）は、弱毒化した病原体を用いる「生ワクチン」や、死んだ病原体を用いる「不活化ワクチン」の原理を確立しました。これは、ジェンナーの種痘法を発展させたものであり、狂犬病[3]やコレラなどのワクチン開発へとつながりました。

一方、ドイツの科学者ロベルト・コッホ（一八四三〜一九一〇）は、細菌学の基礎を築き、結核菌やコレラ菌などの病原体を発見しました。彼の研究は、感染症の原因究明や診断法の開発に大きく貢献し、その後のワクチン開発を加速させました。コッホの開発したツベルクリン反応は、結核の診断に広く利用され、結核の早期発見・治療に貢献しました。

二〇世紀に入ると、ワクチンの開発はさらに加速しました。ポリオ、麻疹《ましん》（はしか）、風疹《ふうしん》など、[4]様々な感染症に対するワクチンが開発され、世界中で予防接種が行われるようになりました。これにより、多くの感染症の流行が抑えられ、人々の健康と寿命の延伸に大きく貢献しました。特に、一九五〇年代に開発されたポリオワクチンは、ポリオの流行を劇的に減少させ、世界中で多くの子どもたちの命を救いました。

ワクチンの種類と特徴

3／狂犬病は、感染した犬が凶暴化し、よだれを流し、水を怖がるなどの神経症状を示すことから名付けられた。全ての哺乳類が感染し、ほぼ一〇〇％の致死率を持つ脳炎を引き起こす。ワクチンで予防が可能で、日本では狂犬病予防法に基づく徹底した対策の結果、一九五六年以降の発症例はない。

4／ポリオ（急性灰白髄炎）はポリオウイルスによって起こり、「脊髄性小児麻痺」とも呼ばれる。麻疹（はしか）は麻疹ウイルスによって起こり、感染力が強い。風疹は風疹ウイルスによって起こり、俗に「三日ばしか」と呼ばれる。

5／ワクチンを接種すると、腕が腫れること

ワクチンは、その種類によって、免疫の獲得メカニズムや効果、安全性などが異なります。ワクチンの種類は大きく分けて、生ワクチン、不活化ワクチン、トキソイドワクチンの三つに分類されます。

生ワクチンは、病原性を弱めた生きたウイルスや細菌を用いるワクチンです。体内で病原体が少量増殖することで、自然感染に近い形で免疫を獲得できるため、強い免疫反応を引き出し、効果が長続きするという特徴があります。パスツールが開発した狂犬病ワクチンは、この生ワクチンの原理を応用したもので、感染症予防に画期的な進歩をもたらしました。しかし、生ワクチンは免疫力が低下している人や妊婦などには、病気を発症するリスクがあります。

一方、不活化ワクチンは、殺菌処理した病原体やその一部を用いるワクチンです。生ワクチンに比べて安全性が高いですが、免疫反応は弱く、効果の持続期間も短い傾向があります。そのため、複数回の接種が必要となる場合が多いです。不活化ワクチンは、インフルエンザやA型肝炎、B型肝炎など、様々な感染症の予防に用いられています。[5]

トキソイドワクチンは、病原体が産生する毒素を無毒化して作られるワクチ

がある。ワクチンに含まれるウイルスは、化学処理や加熱処理によって弱毒化または不活化され感染力を失っているが、ウイルスの表面にあるタンパク質（抗原）はそのまま残っている。この抗原が、私たちの免疫システムに「敵」として認識され、攻撃を開始する引き金となる（そのためワクチンを接種した部位に白血球が集まり、炎症反応が起こる）。免疫システムは、この「敵」である抗原を記憶し、次に同じウイルスが侵入してきたときに素早く対応できるようになる。これがワクチンによる免疫獲得の仕組み。

ンです。破傷風やジフテリアなどの予防に用いられます。トキソイドワクチンは、病原体そのものではなく、毒素に対する免疫を獲得させるため、安全性が高いという特徴があります。

新時代のワクチン

二〇一九年一二月に発生が確認された新型コロナウイルス感染症により、mRNA（メッセンジャーRNA）ワクチンという新たなタイプのワクチンが脚光を浴びました。mRNAワクチンは、従来のワクチンとは異なり、病原体そのものではなく、病原体の遺伝情報の一部を伝えるmRNAを接種することで、体内で病原体のタンパク質を生成させ、それに対する免疫反応を引き起こします。

mRNAワクチンは、開発スピードが速いという大きな利点があります。従来のワクチンは、病原体の培養や精製が必要で、開発に数年かかることもありましたが、このワクチンは遺伝情報さえ分かれば、短期間で設計・製造が可能

6／mRNAワクチンは、一九九〇年代から研究が進められていたが、技術的課題により実用化には至らなかった。しかし、二〇〇五年にカタリン・カリコ（一九五五〜）とドリュー・ワイスマン（一九五九〜）がmRNA安定化技術を開発し、これが大きな転機となった。その後、新型コロナウイルスのパンデミックによる莫大な資金投入、臨床試験の迅速化などにより、短期間での実用化が実現した。両氏はこの功績により、二〇二三年にノーベル生理学・医学賞を受賞。

です。

しかし、mRNAワクチンは新しい技術であるため、長期的な安全性や有効性についてはまだ不明な点もあります。また、mRNAは非常に不安定な分子であるため、超低温での保管・輸送が必要となるなど、取り扱いにも課題が残されています。[6]

3 病原体の正体

病気の原因となるものを病原体と呼びますが、その正体は一体何でしょうか。一般的に「バイキン」[7]と呼ばれる微生物も病原体の一種ですが、病原体には微生物以外にも様々な種類が存在します。

生命体と非生命体の境界線

生物とは、栄養摂取、自己増殖の機能と細胞構造を持つ物質と定義されます。動物は食物を摂取し、植物は光合成によって栄養を得ます。また、生物は遺伝情報に基づいて自己複製を行い、細胞膜で囲まれた細胞構造を持っています。

食中毒や結核の原因となる細菌は、この条件を全て満たす生命体です。一方、天然痘やインフルエンザの原因となるウイルスは、細胞構造を持たず、代謝系

7／日常会話で使われる「バイキン」は、厳密には科学用語ではない。一般的に、細菌、ウイルス、真菌（カビ）といった微生物のことを指す。

8／ウイルスは非常に小さく、電子顕微鏡でしか観察できません。その大きさは、細菌の一〇分の一から一〇〇分の一程度。ウイルスは地球上で最も多様性に富んだ生物群の一つであり、その種類は数百万種に及ぶと推定されている。一方細菌の種類も膨大で、これまでに記載された種は数

(生命活動に必要なエネルギーを生み出す仕組み)も持たないため、生命体とはみなされません。[8]

ウイルスは、タンパク質の殻と遺伝情報を持つ核酸(DNAまたはRNA)からなる粒子であり、他の生物の細胞に侵入することで増殖します。自身の代謝系を持たないため、他の生物の細胞が持つタンパク質合成などの機能(細胞)を利用して自己複製を行います。

病原体と抗生物質

二〇世紀に発見された抗生物質は、細菌感染症の治療に革命をもたらしました。抗生物質は、細菌の細胞壁を破壊したり、タンパク質合成を阻害したりすることで、細菌の増殖を抑制または死滅させます。

しかし、ウイルスは細胞壁を持たないため、抗生物質は効果がありません。ウイルス感染症には、抗ウイルス薬やワクチンといった異なるアプローチが必要となります。

万種に及び、実際には遥かに多く存在すると推定される。

抗ウイルス薬とワクチンの開発

ウイルス感染症に対抗するために、人類は抗ウイルス薬とワクチンという二つの強力な武器を開発してきました。これらの薬剤は、ウイルスの増殖を抑制または予防することで、感染症の拡大を防ぎ、人々の健康を守っています。

抗ウイルス薬は、ウイルスが細胞に侵入し、増殖する過程の特定の段階を標的とすることで効果を発揮します。抗ウイルス薬は、感染症の発症後にウイルスを直接攻撃するため、症状の軽減や重症化を防ぐ効果が期待できます。しかし、ウイルスは変異しやすいため、薬剤耐性を持つウイルスが出現する可能性があり、常に新しい薬剤の開発が必要です。

一方のワクチンは、ウイルス感染を予防するために、体内に免疫を作り出すことを目的としています。ワクチンは、感染症の予防に有効な手段ですが、効果には個人差があり、一〇〇%の予防を保証するものではありません。

例えば、弱毒化または無毒化した病原体を接種することで、体内で病原体を増殖させ、自然感染に近い形で免疫を獲得できる生ワクチンを見てみましょう。

麻疹ワクチンの有効率は、一回の接種で約九三%、二回の接種で約九七%とされています。また、風疹ワクチンや流行性耳下腺炎（おたふくかぜ）ワクチンの有効率も九〇%以上と報告されています。これらのワクチンは、一度接種すれば、その後の人生において長期的な免疫効果が期待できるという点で、非常に有効な予防策と言えるでしょう。

一方、殺菌処理した病原体やその一部を用いる不活化ワクチンは、インフルエンザワクチンやA型肝炎ワクチン、B型肝炎ワクチンなどがあります。不活化ワクチンは、生ワクチンに比べて安全性が高いというメリットがありますが、免疫反応が弱く、効果の持続期間も短い傾向があります。そのため、インフルエンザワクチンでは、流行するウイルス株に合わせて毎年接種が必要となります。また、A型肝炎ワクチンやB型肝炎ワクチンは、複数回の接種によって長期的な免疫を獲得できます。

病原体が産生する毒素を無毒化して作られるトキソイドワクチンは、破傷風やジフテリアなどの予防に用いられ、ほぼ一〇〇%に近い効果が期待できます。毒素そのものを無毒化しているため、安全性が高く、重篤な副作用の心配もほとんどありません。

ｍＲＮＡワクチンの有効率は、新型コロナウイルス感染症の場合、臨床試験の結果では九〇%以上と非常に高い数値が報告されています。しかし、ウイルスの変異や個人の免疫状態などによって、実際の効果は変動している可能性があります。

4 免疫体系とワクチン

私たちの体は、有害な異物から身を守るために、免疫という精巧なシステムを備えています。生まれながらに備わっている「自然免疫」と、後天的に獲得する「獲得免疫」の二段構えで、体内に侵入した病原体や異物と戦います。

自然免疫

自然免疫は、生まれつき備わっている防御システムで、異物の侵入をいち早く察知し、排除しようとします。このシステムを担うのが、主に血液中の白血球です。白血球の種類は多岐にわたり、その中でも好中球やマクロファージは、異物を発見すると即座に攻撃し、貪食《どんしょく》します。[9] 特に、体内に侵入する異物の多くは食物由来であるため、腸管には全体の七〇%もの白血球が存在し、最前線

9／白血球は、免疫を担う細胞の総称で、骨髄で産生される。マクロファージは、好中球が処理しきれなかった細菌や死んだ細胞などを捕食し、抗原情報をリンパ球（特にT細胞）に伝達することで、より特異的な免疫反応を引き起こす。

で私たちの体を守っています。

獲得免疫

一方、獲得免疫は、過去の感染経験やワクチン接種によって得られる、特定の病原体に対する特異的な防御システムです。B細胞やT細胞といったリンパ球が中心的な役割を果たし、抗原抗体反応と呼ばれる複雑なメカニズムで病原体を攻撃します。

抗原抗体反応とは、体内に侵入した異物（抗原）に対して、免疫システムが特異的な抗体を産生し、抗原に結合して無力化する反応です。具体的には、B細胞が抗原を認識し、抗体を産生することで、抗原を中和したり、破壊したりします。また、抗原と抗体が結合すると、この複合体をマクロファージが認識し、貪食することもあります。これにより、病原体は効果的に排除されます。

ワクチンは、この獲得免疫の仕組みを利用した感染症予防法であり、人類が感染症と闘う上で欠かせない存在です。弱毒化または無毒化した病原体やその

10／アレルギーは、体質的な要因と環境要因が複合的に影響して発症すると考えられている。特定のアレルゲンに対して、IgE抗体という特殊な抗体が過剰に産生されることで、アレルギー反応が引き起こされる。

成分を体内に導入することで、免疫システムを活性化させ、抗体を作らせます。これにより、実際に病原体に感染した際に、速やかに病原体を認識し、排除できるようになります。

免疫システムの過剰反応

免疫システムは、私たちの体を守るために不可欠な存在ですが、その反応が過剰になることで、アレルギーやアナフィラキシーショックといった問題を引き起こすこともあります。アレルギーは、花粉やハウスダスト、食物など、本来無害な物質(アレルゲン)に対して過剰な免疫反応が起こる現象です。[10]アナフィラキシーショックは、特定の抗原に対して急激かつ重篤なアレルギー反応が起こる状態で、命に関わることもあります。

アレルギー一般に対する特効薬はなく、個々の症状に対応しての個別療法しかないのが現状です。抗がん剤と同様に、有効な抗アレルギー剤の開発が望まれているところです。

第9章

アンモニア

人口爆発時代の幕を開いた素材

アンモニアは、たった一つの窒素原子と三つの水素原子が結びついただけの、一見すると水のようにシンプルな分子です。しかし、この単純な物質が、計り知れないほどの光と影をもたらしてきました。

アンモニアは、「二つの顔」を持つ存在です。一方では、肥料の原料として農業生産を飛躍的に向上させ、人類を飢餓から救う「天使」としての側面を持っています。その一方で、爆薬の原料として戦争を激化させ、無数の命を奪ってきた「悪魔」としての顔も併せ持つのです。

アンモニアの合成法を開発した二人の科学者は、「空気からパンを作った男たち」と称賛され、後に「空気から墓石を作った男たち」と非難されることになります。

1 人口増と食料問題

二〇二二年一一月一五日、世界人口は八〇億人の大台に到達しました。国連の予測によると、今後も増加を続け、二〇六〇年には一〇〇億人に達すると見込まれていますが、その後は増加スピードが鈍化し、一〇〇億人台で推移すると予想されています。人口増加に伴い、最も懸念されるのが食料問題です。現在、農業技術の進歩と国際的な食料分配システムのおかげで、大規模な飢饉は回避されていますが、全ての人に十分な食料が行き渡っているわけではありません。

食料と肥料の関係

食料分配は、国際政治や各国の国内問題など複雑な要因が絡むため、一朝一夕には解決できない問題です。しかし、こうした問題が解決された際には、直

1／窒素が不足すると、植物は成長が遅れ、葉が黄色くなることがある。リンはエネルギー代謝や遺伝子の構成成分として重要で、カリウムは浸透圧の調整や酵素活性の促進に関与している。

2／雷が発生すると、その高エネルギーが大気中の窒素分子（N_2）と酸素分子（O_2）を反応させ、窒素酸化物（NOx）を生成する。生成された一酸化窒素（NO）はさらに酸素と反応して二酸化窒素（NO_2）になり、水と反応して硝酸（HNO_3）

ちに食料を供給できるだけの備蓄が常に必要です。そのため、農業の増産が重要な課題となります。増産のためには、肥料、殺虫剤、殺菌剤、除草剤、殺鼠剤など、化学の力が不可欠です。中でも肥料は、作物を育てる基盤となるものです。

植物の成長に必要な三大栄養素は、窒素、リン、カリウムです。窒素は植物体そのものを育て、リンは花や実の発育を助け、カリウムは根の成長を促進します。[1] 特に窒素は重要で、植物体の生育に欠かせません。窒素は大気中の約八〇%を占めるためほぼ無尽蔵にありますが、多くの植物は気体の窒素を直接利用できません。そのため、水溶性の化合物に変換する必要があります。

自然界では、雷などの放電により気体窒素が窒素酸化物に変換されたり、[2] バクテリアによって窒素化合物が硝酸塩に変えられたりしますが、[3] 一〇〇億人の人口を養うにはそれだけでは不十分です。そこで、大気中の窒素を固体や液体の窒素化合物として固定する技術が求められていました。

を生成する。これが雨とともに地表に降り注ぐ過程は「雷雨による窒素固定」と呼ばれ、自然界の窒素循環の一部を担っている。

3／一部のバクテリア（窒素固定細菌）は、空気中の窒素（N_2）をアンモニア（NH_3）やその他の窒素化合物に変換する能力を持っている。このプロセスは「生物学的窒素固定」と呼ばれる。主な窒素固定細菌には、アゾトバクター属やリゾビウム属などがある。

有機肥料の限界

古代から中世にかけて、農業は基本的に有機肥料に依存していました。これは、主に動物の糞や植物の堆肥などの天然由来のものでした。この有機肥料には次のような課題がありました。

まず有機肥料に含まれる窒素は、微生物の働きによって徐々に分解され、植物が利用できる形に変わるため、その供給量が限られていたことです。このプロセスには時間がかかることが問題でした。次に、有機肥料には栄養素の含有量にばらつきがあり、均一な栄養供給が難しいという課題もありました。これにより、植物が必要とする栄養を均等に提供することが困難でした。さらに、有機肥料の効果を十分に得るためには、大量の肥料が必要でした。そのため、運搬や施肥《せひ》が大変であり、効率的な農業生産を妨げる要因となっていました。

こうしたことが原因で、植物に必要な窒素、リン、カリウムといった栄養素を十分に供給できず、生産性が低いままでした。

4／これにより交易路を通じて広がった黒死病は、モンゴル帝国の人口を激減させ、一四世紀後半の帝国崩壊につながった。

度重なる食料不足に悩まされた

食料の生産性を大きく改善することになるハーバー・ボッシュ法（後述）が開発される以前、人類は慢性的な食料不足に悩まされていました。人口増加に食料生産が追いつかず、飢饉は頻繁に発生していました。

中世ヨーロッパでは、一一世紀から一三世紀にかけて人口が急増し、食料需要が高まりました。しかし、一四世紀初頭から小氷期と呼ばれる寒冷化が進行し、一三一五年から一三一七年にかけて「大飢饉」に見舞われました。この期間、多くの人々が飢えに苦しみました。また、一四世紀半ばの黒死病の大流行によりヨーロッパの人口は大幅に減少しましたが[4]、一五世紀以降に人口が回復するにつれ、再び食料不足が深刻化しました。

一八世紀末から一九世紀にかけて、ヨーロッパでは産業革命が進展し、都市部を中心に人口が急増しました。しかし、農業生産性の向上は人口増加に追いつかず、食料不足は慢性的な問題となっていました。アイルランドでは一八四五年から一八四九年にかけてジャガイモの疫病による大規模な飢饉が発生し、多くの人々が死亡し、さらに多くが移住を余儀なくされました。

日本でも食料問題は深刻な影響を及ぼしました。古代から中世にかけて、気候変動や自然災害によって収穫量が不安定になることが多く、頻繁に飢饉が発生しました。戦国時代には戦乱によって農地が荒廃し、一揆や農民反乱が各地で発生しました。江戸時代には幕府が農業生産の増大を重視しましたが、一八世紀以降、小氷期の影響で冷害が頻発し、大飢饉が相次ぎました。特に「天明の大飢饉」（一七八二〜一七八八）では、多くの人々が餓死し、社会不安が広がりました。

2 「空中窒素の固定」という奇跡

二〇世紀初頭、世界人口の爆発的な増加は、人類を深刻な食料危機の淵に突き落とそうとしていました。この危機を救ったのは、二人のドイツ人科学者、フリッツ・ハーバー(一八六八～一九三四)とカール・ボッシュ(一八七四～一九四〇)が成し遂げた、空気中の窒素を固定して肥料に変えるという偉業でした。

無尽蔵の資源を活用する錬金術

一九〇六年、ハーバーは、空気中の窒素ガスと水素ガスからアンモニアを合成する画期的な反応を発見しました。しかし、この反応を実現するには、高温高圧という過酷な条件が必要でした。ボッシュは、この難題を克服し、一九一三年に工業化に成功。こうして誕生した「ハーバー・ボッシュ法」は、空気と水という無尽蔵の資源から、植物の成長に不可欠な窒素肥料を生成できる、まさに現代の錬金術と言える技術でした。

化学肥料の誕生と食料増産

この窒素肥料は、アンモニアを原料に化学的に合成された肥料であり、「化学肥料」と呼ばれます。化学肥料は、天然の肥料と比べて成分が安定しており、植物が必要とする栄養素を効率的に供給できるという利点があります。

ハーバー・ボッシュ法で得られたアンモニアは、硝酸や硫酸を反応させることで、硝酸アンモニウム（硝安）や硫酸アンモニウム（硫安）などの化学肥料を容易に生成できます。これらの肥料は、窒素を豊富に含み、農業生産に大きく貢献しました。これにより、作物の収穫量は飛躍的に向上し、世界的な食料不足の解消に大きく貢献しました。この技術革新は、「緑の革命」の礎となり、二〇世紀における人口増加を支える原動力となりました。

5／「料理の鉄則」に置き換えると、ルシャトリエの法則は「じっくり煮込む料理は、低温で長時間かけるのが最適」なことを指す。それに対して、「食材を高温で素早く炒める」ことで短時間で濃厚な旨味を引き出すという発想に基づいていたのがハーバー・ボッシュ法の「高温短時間調理法」だった。彼らはアンモニア合成という「料理」において、「じっくり煮込む」という常識的な方法ではなく、「高温で素早く反応させる」という新しい方法を編み出したことで、反応速度を高め、効率的にアンモニアを生産することを可能にした。

ルシャトリエの法則と高温高圧条件の採用

ハーバー・ボッシュ法の反応条件は、化学の重要な法則である「ルシャトリエの法則」と一見矛盾しているように見えます。ルシャトリエの法則は、簡単に言うと「化学反応は、変化を打ち消す方向に進む」というもので、例えば温度を上げると、それを下げる方向に反応が進みます。アンモニアの合成反応は発熱反応なので、ルシャトリエの法則に従えば、低温・高圧条件が有利になるはずです。

しかし、ハーバー・ボッシュ法では、高温高圧条件が採用されています。これは、反応速度を高めることで、より効率的にアンモニアを生産するためです。化学反応の速度は、温度が高いほど速くなります。ハーバーとボッシュは、反応の平衡状態に注目するよりも、反応速度を高めて単位時間あたりのアンモニア生成量を増やすことを優先したのです。この選択は、理論と現実のせめぎ合いの中で生まれた、工業的に最適な条件でした。[5]

ハーバー・ボッシュ法と第一次世界大戦

第一次世界大戦中、ドイツはイギリスの海上封鎖により、火薬の原料である硝酸の主要な供給源である硝石（硝酸カリウム）の輸入が困難な状況にありました。ハーバー・ボッシュ法は、この危機を打開する手段となりました。空中窒素からアンモニアを合成し、それを硝酸に変換してカリウムと反応させることで、ドイツは火薬の原料である硝酸カリウムを確保することができたのです。

つまりハーバー・ボッシュ法は、食料増産だけでなく、戦争の継続にも利用されたことになります。

ハーバーは、アンモニア合成法の開発という功績により、一九一八年にノーベル化学賞を受賞しました。一方、ボッシュも、高圧化学的方法の開発により、一九三一年にノーベル化学賞を受賞しています。しかし、ハーバーの毒ガス開発への関与[6]や、ハーバー・ボッシュ法が戦争に利用されたという事実は、彼らの業績に暗い影を落としました。

6／ハーバーは、第一次世界大戦（一九一四～一九一八）の最中にドイツ軍からの要請を受けて毒ガスの開発に熱心に携わったことから「化学兵器の父」と呼ばれることもある。実際一九一五年に初めて使用された塩素ガスの開発においては、前線で攻撃を指揮したとの記録もある。一方でユダヤ人であることからナチス政権下のドイツを離れ、最期はスイスで過ごした。

3 化学爆薬と植民地支配

硝石（硝酸カリウム）は、古来より人類の文明を加速させ、時にその行く末を左右するほどの力を持ってきました。硝石は、植物の成長を促す肥料としてよりは、爆薬の原料として有名な化合物だったのです。

文明の破壊者であり創造者

爆発には、火薬を使った爆発と、風船の破裂のような火気を伴わない爆発があります。火薬を使った爆発は、急激な燃焼現象と捉えることができます。

古くから花火や銃に使われてきた黒色火薬は、炭素、硫黄、そして硝石の三種類の物質からできています。炭素と硫黄は燃料の役割を果たし、硝石は燃焼に必要な酸素を供給します。硝石は、一つの分子中に三つの酸素原子を持っため、火薬の爆発力を高める上で欠かせない存在でした。

黒色火薬の発明は、戦争の形態を変え、国家間の勢力図を塗り替えました。一方で、創造の力も秘めていました。火薬は、鉱山開発や土木工事など、平和的な用途にも利用され、産業革命の原動力となりました。また、花火は、祭礼や祝賀行事において人々を魅了し、文化の発展に貢献しました。硝石は、まさに文明の光と影を象徴する存在と言えるのです。

硝石の化学

硝石は、自然界では洞窟の壁や乾燥地帯の土壌など、限られた場所にしか存在しません。その生成には、有機物、バクテリア、そしてアルカリ性の環境が必要不可欠です。動物の排泄物や腐敗した植物が、硝化細菌の働きによって硝酸塩へと変化し、それがカリウムと結合することで硝石が生成されます。

硝石は硝酸イオンとカリウムイオンから構成されています。硝酸イオンは、強力な酸化剤であり、火薬の爆発力を生み出す源となっています。また、カリ

7／イギリスはインドで発見された硝石鉱山を独占し、莫大な利益を得た。硝石は火薬の原料として、強力な海軍力を支え、海上貿易の支配と植民地獲得に貢献した。さらに、硝石貿易で得た利益は産業革命を加速させ、イギリスを経済大国へと押し上げた。一方、植民地獲得競争を競ったスペインやポルトガルは、新大陸での銀採掘に依存しており、硝石の安定供給には苦労していた。オランダは香辛料貿易で財を成したが、硝石は他国からの輸入に頼っていた。フランスも国内での生産量は限られ、イギリスの独占状態を覆すことはできなかった。

ウムイオンは植物の成長に必要な栄養素であり、硝石が肥料として利用される所以です。

一八世紀、硝石は火薬の原料として、国家の軍事力と安全保障に直結する戦略物資でした。一七世紀から一九世紀にかけて、ヨーロッパ列強は硝石の確保にしのぎを削り、世界各地で硝石鉱山を巡る争奪戦[7]が繰り広げられました。しかし世界的に見ても限られた地域でしか産出されませんでした。そのため各国は自国での硝石確保に躍起となり、他国への供給を断つほどでした。しかし、硝石の製造は容易ではありませんでした。

硝石の伝統的な製法は、人や家畜の尿を藁に染み込ませるものでした。尿に含まれる尿素は微生物の働きによってアンモニアに分解されます。このアンモニアが硝酸菌によって亜硝酸、さらに硝酸へと酸化され、最終的に藁《わら》に含まれるカリウムと結合することで硝酸カリウム（硝石）が生成されるのです。つまり、アンモニアは硝石生成の中間体として重要な役割を果たしています。この作業は悪臭を伴う過酷なもので、従事する人々は特別手当を受け取るほどでした。

フランスの科学者アントワーヌ・ラボアジェ（一七四三〜一七九四）は、この状況を打開すべく硝石の成分分析に取り組みました。彼は硝石の主成分が硝酸カリウムであることを突き止め、硝石の精製法を改良することに成功しました。この過程で、ラボアジェは燃焼現象に関する疑問を抱くようになりました。

当時、燃焼現象は「フロギストン説」で説明されていました。この説によると、物質が燃えるのは「フロギストン」という物質が放出されるからだとされていました。しかし、ラボアジェは硝石の精製過程で観察された現象から、この説に矛盾を感じました。彼は燃焼前後で物質の質量を比較する実験を行い、燃焼後の灰の質量が燃焼前の物質の質量よりも重いことを発見しました。これは、フロギストンが放出されて物質の質量が減るはずだというフロギストン説と矛盾していました。ラボアジェは、この結果から「質量保存の法則」を導き出しました。この法則は、化学反応の前後で物質の総質量は変化しないことを示すもので、化学史上の画期的な発見となりました。

しかし、一七八九年のフランス革命勃発後、ラボアジェは徴税人としての経歴が仇となり投獄[8]されました。そして、一七九四年に「フランス人民に対する陰謀」の罪で処刑されてしまいました。高名な天文学者ジョセフ＝ルイ・ラグ

8／彼は裕福なくせに無類のケチで、趣味の実験をするための実験器具まで自分の金で買うことはなかったとされる。仕事は人々に嫌われる徴税請負人であり、庶民がうらやむ高給に恵まれた火薬硝石公社の管理人までやっていて、市民の反感を買ってしまった。

ランジュ（一七三六～一八一三）は、「ラボアジェの頭を切り落とすのは一瞬だが、彼と同じ頭脳を持つ者が現れるには一〇〇年かかるだろう」と、彼の死を惜しんだと伝えられています。ラボアジェの悲劇は、科学と政治の複雑な関係を物語っています。

4 硝石と戦争

一八世紀末のハーバー・ボッシュ法によるアンモニア合成の成功は、硝石の安定供給を可能にし、火薬の大量生産を促しました。これにより、戦争はかつてない規模と長期化の時代を迎えることになります。

化学構造が戦争を変えた

黒色火薬からニトロセルロース（綿火薬）、ニトログリセリン（ダイナマイト）、トリニトロトルエン（TNT）へと、火薬は化学の進歩とともに進化を遂げました。これらの新型火薬に共通しているのは「ニトロ基」の存在です。ニトロ基は、爆発物の分子に含まれる特別な構造で、爆発力を高める働きがあります。ニトログリセリンやTNTのような強力な爆発物は、一つの分子の中に三つも

9／ニトロ基の数を増やすとは、例えばトルエンにニトロ基を導入するニトロ化反応を複数回行い、TNTのように複数のニトロ基を持つ化合物を作ること。ニトロ基の数が増えるほど、分子内の酸素バランスが向上し、燃焼熱も増加するため、より強力な爆発力を得ることができる。

10／TNTの他にも、RDX（シクロトリメチレントリニトラミン）やHMX（シクロテトラメチレンテトラニトラミン）といった、より強力な爆薬も開発さ

のニトロ基を持っています。ニトロ基の数が多いほど、爆発力が強くなるのです。ちょうど、火をつけると一気に燃え上がる脂っこい食材が多いほど、料理の火力が強くなるのと似ています。[9]

ハーバー・ボッシュ法によるアンモニアの大量生産は、これらのニトロ化合物系火薬の生産を可能にし、第一次世界大戦、そして第二次世界大戦の長期化と大規模化を招いた一因となりました。化学の進歩が、戦争の形態を大きく変えたのです。[10]

化学が勝敗を分けた日露戦争

日露戦争（一九〇四～一九〇五年）は、日本海軍が下瀬《しもせ》雅允《まさちか》博士（一八六〇～一九一一）らが開発したピクリン酸系の爆薬「下瀬火薬」を使用し、ロシアのバルチック艦隊を破った戦いとして知られています。当時、ロシア海軍は世界有数の強さを誇っていましたが、日本海軍は下瀬火薬の威力により、ロシア艦隊を撃沈することに成功しました。

れた。RDXは、シクロトリメチレン環に三つのニトロ基が結合した化合物で、高密度なエネルギーを持つ。HMXは、シクロテトラメチレン環に四つのニトロ基が結合した化合物で、さらに高い爆発力を持つ。これらの爆薬は魚雷や爆弾、ミサイルなどに使用され、戦局に大きな影響を与えた。

下瀬火薬は、ピクリン酸というニトロ基を含む化合物を主成分とする爆薬です。ピクリン酸は、TNTよりも爆発力が高く、日本海軍の砲弾の威力を飛躍的に高めました。しかし、ピクリン酸は酸性が強く、砲弾を腐食させるという欠点があったことから、欧米各国はTNTを主力爆薬として採用していきました。しかし日本は、太平洋戦争においても下瀬火薬を主力爆薬として採用しています。[11]

いずれにせよ日露戦争を通じて、爆薬の性能が戦局を大きく左右することが明らかになり、各国は火薬の開発競争に拍車をかけることになりました。これ以降、化学者たちは、より強力で安定した爆薬の開発に注力するようになったのです。

ダイナマイトからアンホ爆薬へ

長らく、戦争用にはTNT、民生用にはダイナマイトが主流でしたが、近年ではダイナマイトに代わり、アンホ爆薬が広く利用されています。アンホ爆

11／TNTの原料であるトルエンは、石炭の乾留によって得られるもので、石炭資源に乏しい日本は大量生産が困難だった。一方下瀬火薬の原料であるピクリン酸は、石炭酸から合成することができた。日本では、石炭酸の生産体制が整っていたため、下瀬火薬の原料確保が比較的容易だった。また、日本軍は航空機や魚雷による攻撃を重視しており、下瀬火薬はその高い爆速と破壊力から、航空機や魚雷への搭載に適していたことも好んで使われた要因とされる。

12／一九五〇年代から天掘り鉱山での岩盤の爆破、大規模なダム建設や道路建設、ビルの解体工事など様々なところで利用されている。日本では、黒部ダムや

薬は、硝酸アンモニウム（硝安）と燃料を混ぜたもので、成形が容易で、安価かつ安全に扱えるという利点があります。

硝酸アンモニウムは、アンモニアを硝酸で中和することで生成される塩で、強力な酸化剤としての性質を持っています。一方、燃料油は、ディーゼル燃料やケロシンなどの炭化水素化合物が用いられます。これらを混合することで、硝酸アンモニウムが燃料油を酸化する酸化還元反応が起こり、爆発に至ります。

アンホ爆薬の最大の利点は、その経済性にあります。硝酸アンモニウムは、肥料としても大量に生産されているため、安価で入手しやすい原料です。また、燃料油も一般的な石油製品であるため、容易に入手できます。これにより、アンホ爆薬は、TNTやダイナマイトに比べて格段に安価に製造できるのです。

アンホ爆薬の登場は、爆薬の民生利用を大きく広げました。安価で扱いやすいアンホ爆薬は、鉱山開発や土木工事、建設工事など、幅広い分野[12]で利用されています。また、軍事用途でも、簡易的な爆弾の製造に用いられることがあります。

12 青函トンネル、東京湾アクアラインなどの建設過程などで利用された。特に黒部ダムの建設では、約一二〇万トン（東京ドーム一〇杯分）もの岩石を除くために多量の爆薬が使用され、国内最大規模の爆破作業となった。

第10章

プラスチック

炭素器時代を開いた素材

今、その場で部屋を見渡してみてください。プラスチックから目を逸らせる場所はあるでしょうか？

天井や壁はプラスチックで覆われ、カーテンも合成繊維、つまりプラスチックです。畳さえも、昔ながらのイグサではなく、プラスチック製のものが多いでしょう。文房具や食器はもちろん、一見木製に見えるテーブルも、実はプラスチック（塩ビ）で覆われているかもしれません。

私たちの生活空間は、プラスチックで埋め尽くされており、天然素材の物はかなり少なくなりました。

それだけではありません。私たちの体を作るタンパク質も、実は「天然高分子」と呼ばれるプラスチックの一種なのです。

1

鉄器時代から新時代へ

世界史における時代区分は、石器時代、青銅器時代、鉄器時代の三つに大別されます。各時代の始まりと終わりは地域や民族によって異なりますが、一般的には、ヒッタイト人が紀元前一五世紀頃に木炭を用いて鉄鉱石の精錬を始めたことが鉄器時代の幕開けとされています。それ以来、約三五〇〇年もの間、鉄器時代が続いていると考えられています。

今も鉄器時代なのか

二一世紀の現在を鉄器時代と呼ぶことは、時代錯誤とも感じられます。現代の家庭で鉄が使われるのは、包丁や食卓ナイフ、スプーンなどに限られています。鍋やフライパンはアルミニウム製で、表面には錆び防止のための炭素製のプラスチックがコーティングされています。かつて「鉄の女」と呼ばれたサッチャー元首相も鬼籍に入って久しいです。現代社会は、鉄の時代とは言い難いのです。

では、現代はどのような時代と呼ぶべきでしょうか。ある人は、空港、港湾、高速道路、高層建築など、現代の社会インフラがコンクリートとガラスで構成されていることから、「新石器時代」と言えると主張します。コンクリートとガラスはセラミックスの一種です。とはいえ、それらは社会活動を包み込む入れ物に過ぎません。

現代は炭素全盛の時代

コンクリート製の建物の内部は、炭素を主成分とする木材で装飾され、プラスチック製品で満たされています。人々は炭素製の繊維でできた衣服を身につけ、炭素を含む食品を食べ、病気になれば炭素を基盤とする医薬品で治療を受けます。社会の生産活動を担う機器も、鉄からプラスチックに置き換わりつつあります。

プラスチックは軽量、加工性が高い、耐腐食性に優れるなどの特性を持ち、私たちの生活のあらゆる場面で使用されています。また、プラスチック以外にも、炭素繊維、グラフェン、フラーレンなどといった様々な炭素素材によって、エレクトロニクス、エネルギー、医療など、幅広い分野での応用が期待されています。

このように、現代社会は、炭素を基盤とする技術や製品が中心的な役割を果たしていることを考えれば、「鉄器時代」と呼ぶよりは、「炭素器時代」と呼んだ方がふさわしいのではないでしょうか。炭素は、地表に豊富に存在する元素であり、その可能性は無限大と言えるのです。

2 人類が生み出した万能素材

プラスチックは、人類が初めて人工的に合成した高分子化合物であり、その歴史は一九世紀半ばにスイスの化学者クリスチアン・シェーンバイン（一七九九～一八六八）がニトロセルロースを発見したことに始まります。

プラスチックの黎明と発展

彼は、綿を硝酸と硫酸の混合液（混酸）に浸す実験中に、綿が変化し、爆発性の高い物質に変わることを偶然発見しました。

シェーンバインは、この物質が綿の主成分であるセルロースが硝酸（ニトロ）によって変化したものであることを突き止め、「ニトロセルロース」と名付けました。彼は、ニトロセルロースが火薬として利用できる可能性を見出し、その研究を進めました。

ニトロセルロースは、その後、様々な用途に利用されるようになりました。初期には、無煙火薬や弾薬として軍事利用されましたが、やがて、フィルムや塗料、セルロイドなどの原料としても利用されるようになりました。

セルロイドとベークライトの発明

一九世紀後半、イギリスの化学者アレクサンダー・パークス（一八一三〜一八九〇）が、ニトロセルロースを溶剤に溶かし、可塑剤を加えることで、「セルロイド」を発明しました。セルロイドは、象牙の代替品として広く利用され、ビリヤードボールや装飾品、写真フィルムなどに用いられました。

また、一九〇七年にはベルギーの化学者レオ・ベークランド（一八六三〜一九四四）が「フェノール樹脂（ベークライト）」を発明し、これは初の完全合成プラスチックとして、電気絶縁材料や日用品に広く使用されました。

高分子化学における大論争

物質を構成する最小単位は原子であり、原子が結合して分子を形成します。分子の大きさは様々で、特に大きな分子は巨大分子と呼ばれます。巨大分子の中には、不規則に大きいもの（例えば石炭）と、規則的に大きいもの（例えばデンプンやポリエチレン）があります。このうち規則的に大きい分子は、小さくて構造の簡単な単位分子が多数結合してできており、その分子の重さから「高分子」と呼ばれます。

高分子はプラスチックや合成繊維など、私たちの生活に欠かせない材料として広く利用されています。しかし、二〇世紀初頭にはその構造を巡って多くの議論がありました。当時、多くの化学者は、高分子を構成する単位分子は互いに結合していないと考えていました。これは、高分子の分子量を正確に測定するのが難しく、また液体に溶けにくい性質があったためです。

ドイツの化学者ヘルマン・スタウディンガー（一八八一〜一九六五）は、単位分子が結合していると主張しました。スタウディンガーは、ゴムの研究を通じて高分子の構造に疑問を抱き、実験結果から確信を得ました。特に、高分子の粘り気や光の性質に関する実験結果が、この新しい説の証拠となりました。

スタウディンガーはこの功績により、一九五三年にノーベル化学賞を受賞し、「高分子の父」と呼ばれるようになりました。

スタウディンガーの高分子説は、高分子化学の基礎を確立し、その発展に大きく貢献しました。彼の革新的な研究は、プラスチックや合成繊維などの高分子材料の開発につながり、私たちの生活を大きく変えました。また、高分子の構造解明は、生体高分子であるＤＮＡやタンパク質の研究にも影響を与え、生命科学の進展にも寄与しました。

このように、高分子の研究は単に材料科学にとどまらず、生物学や医学などの多くの分野に広がり、その影響は計り知れません。スタウディンガーの業績は、科学の進歩と人類の生活向上に多大な貢献を果たしました。

プラスチックと人造繊維

1／塩化ビニル（塩ビ）は、薄くて柔らかいビニルフィルムや自在に曲がる軟らかい物を想像しがちだが、塩ビ自体はガラスのように透明で硬い。軟らかいのは、可塑剤が混ぜられているからで、可塑剤が全重量の50％以上を占めることもある。

一般の高分子は、松脂《まつやに》などの樹脂のように暖めると軟らかくなって変形し、冷やすとその形で固まる性質を持つため、「合成樹脂（プラスチック）」と呼ばれます。融けたプラスチックを細いシリンジから押し出し、高速で引っ張って巻き取ると、細い糸になります。これが「人造繊維」です。プラスチックと人造繊維は化学的には同じものであり、形状と性質が異なるだけです。

優れた性質、簡単な成形、安価な製造費が相まって、ナイロン以降、次々と新しい高分子化合物が開発・生産されていきました。特に種類が多かったのがポリエチレン類で、エチレンの水素原子を適当な原子で置き換えたビニル誘導体を使って高分子化すると、塩化ビニル[1]やポリスチレン、ポリプロピレンなどの高分子ができ、私たちの身の回りを埋め尽くすようになりました。

3 プラスチックの種類と日本

高分子とは、多数の単位分子が結合してできた巨大分子のことを指すと説明しました。この高分子は天然に存在するものと人工的に合成されるものがありますが、このうちプラスチックは人工的に合成された高分子の一種で、「熱可塑性高分子」と「熱硬化性高分子」に分類されます。

熱可塑性高分子と熱硬化性高分子

プラスチックは一般に暖めると軟らかくなります。この軟らかくなる高分子を「熱可塑性高分子」と呼びます。熱可塑性高分子は、長いひも状の分子構造をしているため、温度が上がると分子が熱振動を始め、ゾロゾロと動き回って形を変えます。例えば、ペットボトルやプラスチック製の食品容器などは熱可塑性高分子でできており、熱を加えると軟らかくなり、再成形が可能です。

一方、熱硬化性高分子は三次元の網目構造をしているため、製品全体が一個の分子のようになっており、分子の自由度がありません。そのため、加熱しても変形しません。電気プラグやコンセント、調理器具の取っ手などがこれにあたります。

熱硬化性高分子は、この網目構造を形成するために、ホルムアルデヒドという有害物質を原料に加えています。化学反応により原料物質は別の構造に変化するため、毒物や劇物を使っても問題はありませんが、原料が未反応のまま製品中に残ることがあり、これがシックハウス症候群の原因になりました。

ナイロンの発明とその影響

二〇世紀に入ると、米国でも様々な種類のプラスチックが開発され、工業製品や日用品に広く利用されるようになりました。一九三六年には、アメリカのデュポン社の若い研究者ウォーレス・カロザース（一八九六～一九三七）によってナイロンが発明されました。ナイロンは絹よりも安価で耐久性があることから瞬く間に世界中に広まり、特に第二次世界大戦後のアメリカではナイロン製ストッキングが大流行し、女性のファッションに革命をもたらしました。

日本におけるプラスチック産業の発展

日本におけるプラスチックの歴史は、一九世紀後半にセルロイドが輸入されたことから始まります。一九三〇年代に入ると、日本は国産のプラスチックであるフェノール樹脂の生産に成功します。先に紹介した通り、フェノール樹脂はベークライトという名称で広く知られ、電気製品の部品や日用品、食器などに広く利用されました。

戦後は日本のプラスチック産業が急速に発展します。特に、ポリエチレンやポリプロピレンなどの汎用プラスチックが大量生産され、私たちの日常生活に欠かせない多くの製品に使われるようになりました。この発展において、住友化学が高圧法製造技術を導入し、高品質のポリエチレンを大量生産することに

2／日本では一九六三年にテルモが初めて開発した。

成功します。さらに、独自の触媒技術を開発することで、ポリプロピレンの製造でも高い競争力を持つようになりました。

一九五〇年代には、東レが日本で初めてナイロン6の工業化に成功しました。東レは、アメリカのデュポン社からナイロン6の製造技術を導入し、独自の改良を加えることで、高品質のナイロン繊維の生産を実現しました。この技術革新により、日本の合成繊維産業は大きく発展し、世界市場で競争力を持つようになりました。

医療分野では、ディスポーザブル（使い捨て）注射器[2]や人工血管、コンタクトレンズなどにプラスチックが使用され、衛生状態の向上と医療の発展に貢献しています。また、食品包装や保存容器にプラスチックが使われることで、食品の長期保存が可能になり、食料問題の解決に一役買っています。

4 プラスチックが変える社会

二〇世紀を代表する乗り物は飛行機と自動車でしょう。その開発はほぼ同時期に進みましたが、軽量化が進むにつれ、自動車には欠かせない素材が登場しました。それは、天然ゴムを模倣した「人造ゴム」です。

人造ゴムの普及

自動車の普及とともに、タイヤやチューブに欠かせないゴムの需要は急増しました。天然ゴムは、ゴムの木から採取される樹液を原料としていましたが、ゴムの木が病気で枯れるなど、供給不足が深刻化しました。当初は、天然ゴムに硫黄を加えて弾力性を持たせた加硫ゴムが主流でしたが、科学者たちは天然ゴムの代替となる素材の開発に乗り出しました。

その結果、誕生したのが「人造ゴム（合成ゴム）」です。初期の人造ゴムは、天然ゴムと全く同じ分子構造を持つもので、「人造天然ゴム」と呼ぶ方が適切かもしれません。やがて研究開発が進むと、硫黄を加えなくても弾力性を持つゴムや、耐熱性、耐摩耗性に優れたゴムなど、様々な特性を持つゴムが開発されました。これらのゴムは、現代の自動車産業を支える重要な素材となっています。

プラスチックの可能性を広げる

人造ゴムの開発と並行して、プラスチックの研究も進められてきました。プラスチックは、バケツやトレー、家電製品の筐体《くたい》など、私たちの身近な存在ですが、現代のプラスチックは、単なる容器の材料にとどまりません。特殊な機能を持つ「機能性高分子」が、私たちの生活をさらに豊かにしています。

例えば、紙おむつに使われる「高吸水性高分子」は、自重の一〇〇〇倍もの水を吸収することができます。この技術を応用し、土壌に混ぜ込むことで水分を長期間保持し、植物の成長を促進することができます。これにより、砂漠の緑化プロジェクトなどにも貢献しています。また、「イオン交換樹脂」は海水を真水に変えることができることから、救命ボートの必需品となっています。さらに、電気を通すプラスチックや、電気を通すと振動するプラスチックなど、様々な機能性高分子が開発され、私たちの生活を支えています。

建築の未来を変えるプラスチック

近年、3Dプリンターの登場により、プラスチックの可能性はさらに広がっています。3Dプリンターを使えば、複雑な形状のプラスチック製品を簡単に作ることができ、建築分野でも注目されています。

従来の建築では、まず建物の骨組みを作り、そこに壁や床、設備などを後から取り付ける必要がありました。しかし、3Dプリンターを使えば、部屋全体を一体成型で作り出すことができます。これにより、「組み立て」「取り付け」という工事が不要になり、建築工程が大幅に短縮され、コスト削減にもつなが

3／強度について不安の声もあるが、例えば水族館の巨大水槽の透明アクリル板は、アクリル樹脂同士を接着剤を使わずに溶剤で溶かして一体化させる「溶剤接着」で組み立てられている。この溶剤接着は、アクリル樹脂同士を分子レベルで接着させるため、非常に高い強度を持つ。そのため巨大水槽のような高い水圧がかかる環境でも十分な強度を保つ。

ります。

さらに、3Dプリンターで作る建物は、プラスチックの特性を活かして、軽量で耐震性に優れ、デザインの自由度も高いというメリットがあります。[3]

将来的には、部屋ごとに異なる素材のプラスチックを使用したり、個人の好みに合わせたカスタマイズも可能になるかもしれません。また、住宅だけでなく、橋やトンネルなどの社会インフラにも応用されることが期待されています。

5

大量消費社会が生んだ影

丈夫で軽く、安価で多機能なプラスチックは、私たちの生活を豊かにする一方で、深刻な環境問題を引き起こしています。その代表的なものが、ワンウェイプラスチック（使い捨てプラスチック）です。

便利なワンウェイプラスチックだが

私たちの生活は、プラスチック製品であふれています。歯ブラシ、コップ、レジ袋、食品トレー、ストロー、包装材……。これらの中には、一度しか使われずに捨てられるものが多くあります。世界全体で年間約三億トンのプラスチックが生産され、そのうち約半分がワンウェイプラスチックであると言われています。

ワンウェイプラスチックは、焼却処分される場合もありますが、一部は環境中に放置され、海へと流れ出てしまいます。海に漂うプラスチックは、景観を損ねるだけでなく、海洋生物に深刻な影響を与えます。ウミガメや魚がプラスチックを誤って食べてしまい、命を落とすケースも少なくありません。国連環境計画（UNEP）の報告によると、毎年少なくとも一〇〇万羽の海鳥と一〇万頭の海洋哺乳類がプラスチックごみによって死んでいるとされています。

拡大するマイクロプラスチックの汚染と有害性

近年、特に問題視されているのが、マイクロプラスチックです。これは、五ミリメートル以下の微細なプラスチック粒子で、歯磨き粉の研磨剤など、意図的に製造されるものもありますが、多くは、大きなプラスチック製品が紫外線や波によって劣化・破砕して生じます。

マイクロプラスチックは、その小ささゆえに回収が難しく、海中や海底に蓄積していきます。そして、海洋生物がマイクロプラスチックを摂取することで、食物連鎖を通じて汚染が広がる恐れがあります。実際に、私たちが食べる魚介類からもマイクロプラスチックが検出されており、人間の健康にも影響を及ぼす可能性が指摘されています。

マイクロプラスチックは、単に生物の体内に蓄積されるだけでなく、有害物質を吸着する性質があります。海中の汚染物質を吸着したマイクロプラスチックを生物が摂取すると、汚染物質が体内に取り込まれ、濃縮されていきます。これにより、生態系全体が汚染されるリスクが高まります。

特に懸念されるのは、食物連鎖による有害物質の濃縮です。プランクトンなどの小さな生物がマイクロプラスチックを摂取し、そのプランクトンを魚が食べ、さらにその魚を私たちが食べるという食物連鎖の過程で、有害物質の濃度が段階的に上昇していきます。つまり、食物連鎖の上位に位置する生物ほど、高濃度の有害物質に曝露されるリスク[4]が高くなるのです。このような生物濃縮は、ＤＤＴなどの農薬でも知られており、マイクロプラスチックによる汚染の深刻さを物語っています。

4／「暴露されるリスク」とは、有害物質に接触する可能性や、その接触によって健康被害を受ける可能性を指す。マイクロプラスチックは、海洋中の有害な化学物質（例：ポリ塩化ビフェニル（ＰＣＢ）、ダイオキシンなど）を吸着する性質がある。これにより、マイクロプラスチックが有害物質を運搬する媒体となり、生物がそれらを摂取する際に高濃度の有害物質に曝露されるリスクが高まる。

プラスチックとの共存

プラスチックは、現代文明を支える重要な素材ですが、その一方で、環境に深刻な影響を与えています。私たちは、プラスチックの利便性を享受するだけでなく、その負の側面にも目を向けなければなりません。

「炭素器時代」を真に誇れる時代にするためには、プラスチックごみ問題の解決が不可欠です。使い捨てプラスチックの削減、リサイクルの推進、生分解性プラスチックの開発など、様々な取り組みを通じて、プラスチックと共存できる持続可能な社会を目指さなければなりません。同時に、市民一人ひとりが自らの消費行動を見直し、プラスチックに頼らないライフスタイルを選択していくことも重要です。

第11章

原子核

人類に巨大エネルギーを与えた素材

現代社会は、電気エネルギー、つまり電力によって支えられています。電力を得るためには発電機を回さなければならず、そのためには水力にしろ、太陽光にしろ、電力以外のエネルギーが不可欠です。

現在は火力発電が主力ですが、化石燃料の枯渇や環境への影響などから、この状態を継続し続けるわけにもいきません。

一方、火力発電に代わる効率的なエネルギー源といえば、現在のところ原子核による原子力くらいしかありません。原子力の危険性は目に見えていますが、その危険性を如何に回避するか。そこに人類の未来がかかっていると言っても過言ではありません。

1
原子と原子核

ギリシア神話によると、人間を作った神プロメテウスは、人間に火をプレゼントしました。オリュンポスの神々から火を盗み、葦の茎に入れて与えたのです。これは、神々の怒りを買う行為でしたが、プロメテウスは人間を愛し、火によって人間が文明を発展させることを望みました。以来、人間は火を大切に扱い、暖を取り、調理をし、猛獣から身を守ってきました。その結果、人類は発展し、現在では地球上に約八〇億人もの人口を抱えるまでになりました。

原子力の火

文明の発展と共に、人類はプロメテウスから離れ、自ら新しい火を発見しました。それが「原子力の火」です。しかし、「燃焼の火」がプロメテウスから

1／中心にある原子核は非常に小さく、その直径は原子の直径の約一万分の一だが、密度は非常に大きく、原子の総質量の約九九・九%を占めている。

2／電荷とは、物質が持つ電気の量である。電荷には「プラスの電荷」と「マイナスの電荷」の二種類がある。プラスの電荷を持つ物体とマイナスの電荷を持つ物体は、お互いに引き合う。逆に、同じ種類の電荷を持つ物体同士は、お互いに押し合う。例えば、風船を髪の毛にこすりつけると、風

の祝福であったのに対し、「原子力の火」は人間同士の憎悪から生まれたものでした。原子力は第二次世界大戦中に核兵器の開発を目的として研究が始められ、広島と長崎での原爆投下によって世に知られることになりました。その後、原子力は平和利用へと転換されましたが、その出自である核兵器の影を完全に払拭することはできていません。原子力は強力で便利ですが、その誕生の経緯から、何かしら暗い影が付きまとっているようです。

原子の構造

原子力とは、原子核の変化によって発生するエネルギーのことです。

そもそも宇宙には無数の物質（分子の集合体）が存在しますが、それらはわずか九十種類ほどの原子の組み合わせでできています。原子は、中心に陽子と中性子からできた原子核[1]があり、その周りを電子（電子雲とも言う）が取り巻いています。

電子と陽子は、電荷[2]を持っています。電荷には、プラスとマイナスの二種

船にはマイナスの電荷がたまり、髪の毛にはプラスの電荷がたまる。その結果、風船と髪の毛は引き合い、風船が髪の毛にくっつくことがある。これは電荷が働いているためである。

類があります。

電子は「マイナスの電荷を持った粒子」、陽子は「プラスの電荷を持った粒子」です。これらの粒子が持つ電荷の量は同じで、電子が-1、陽子が+1です。

物質を構成する原子は、通常、電子と陽子の個数が同じです。つまり、マイナスの電荷とプラスの電荷の量が等しいため、原子全体では電気的に中性になっています。

例えば、炭素原子は6個の電子を持ち、原子核には6個の陽子があります。電子一個の電荷がマイナス1なので、炭素原子の電子雲全体では-1×6＝-6の電荷を持つことになります。一方、原子核の電荷は、+1×6＝+6です。したがって、原子全体の電荷は、-6と+6が打ち消し合って0（中性）になります。

一九世紀までに知られていた化学反応は、すべて電子雲の変化によるものであり、原子核は関与していません。

原子核の構造

3／ウラン235とは、ウランの同位体の一つであり、原子核に九二個の陽子と一四三個の中性子を持つ原子。ウラン235は天然のウラン鉱石に含まれているが、その割合は非常に少なく、約〇・七％程度である。ウラン235は、核分裂反応を起こしやすい性質を持つため、原子力発電や核兵器の材料として重要である。

原子核は、プラスの電荷を持つ陽子と、電荷を持たない中性子から構成されています。陽子と中性子の質量はほぼ同じで、それぞれの質量数は共に1です。原子核に含まれる陽子の数を「原子番号」と呼び、陽子と中性子を合わせた数を「質量数」と呼びます。

原子は、原子番号と同じ個数の電子を持っているため、原子全体では電気的に中性になります。原子番号が同じ原子は、同じ元素に分類されます。一方、原子番号が同じでも、質量数が異なる原子があります。これを「同位体」と呼びます。同位体は、中性子の個数が異なる原子です。すべての元素は同位体を持っており、原子力を理解する上で重要な役割を果たします。

原子核の種類を表す際には、元素記号の左下に原子番号を、左上に質量数を添え字で表記します。例えば、ウラン235[3]は下記のように書きます。元素記号がわかれば、周期表によって原子番号がわかります。しかし、同位体が存在するため、原子核の種類を正確に表すには、元素記号と質量数の両方を使うのが一般的です。

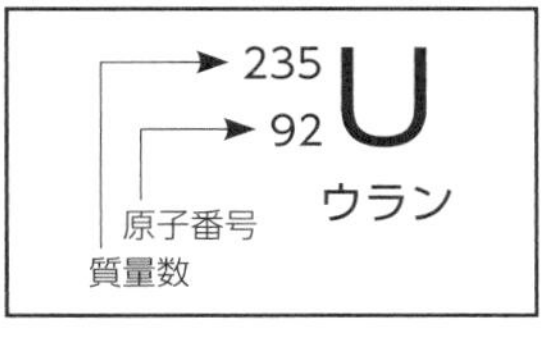

原子観の変遷

中世ヨーロッパでは、錬金術の思想が広まっており、卑金属元素を貴金属元素に変換できる[4]と信じられていました。しかし、一八世紀後半から一九世紀にかけて、アントワーヌ・ラボアジェ、ジョン・ドルトン（一七六六〜一八四四）らの業績により、元素は原子から構成される安定な物質であるという考えが確立され、錬金術は廃れていきます

ラボアジェは、物質が元素から成り立っていることを実験で示し、化学反応の前後で物質の質量が変わらないことを発見しました。これが「質量保存の法則」です。この法則は、化学反応では物質が無くなったり新しく生まれたりするのではなく、単に形を変えているだけだと説明しています。

一方、ドルトンは「原子説」を提唱し、すべての物質は原子という小さな粒子からできていると考えました。また、同じ元素の原子は同じ性質を持ち、異なる元素の原子は異なる性質を持つと主張しました。さらに、化学反応は原子の組み合わせが変化することで起こると説明しました。

4／鉛や銅などの卑金属に特殊な処理を施し、金や銀といった貴金属に変換する実験が行われた。卑金属は化学的に反応しやすく、腐食や酸化しやすい金属のことを指し、貴金属は化学的に安定してして、腐食や酸化しにくい金属を指す。

5／原子核が放射線を放出して壊れる反応。

6／放射線には何種類もあるが、中でも放射性物質の原子核が崩壊する際に放出される代表的な放射線にα線とβ線がある。α線は高速で飛ぶヘリウムの原子核で、α崩壊では原子番号が2減り、質量数は4減る。一方、β線は高速で飛ぶ電子で、β崩壊では原子核から電子が放出され、質量数は変化しないが、原

彼らの発見と理論が、現代の化学や物理学の基礎となっているのです。

キュリー夫妻の研究

しかし、一九世紀末から二〇世紀初頭にかけて、マリー・キュリー（一八六七～一九三四）とピエール・キュリー（一八五九～一九〇六）夫妻の研究により、原子の概念に大きな変革がもたらされました。キュリー夫妻は、ウランの放射線を研究する中で、原子が自発的に崩壊し[5]、放射線[6]を放出しながら別の元素に変化することを発見したのです。[7]この発見は、原子が不変ではなく、互いに変化し得ることを示しました。

キュリー夫妻の研究により、原子には安定性の異なる二種類があることが明らかになりました。一つは、エネルギー状態が低く、安定した原子核を持つもの。もう一つは、エネルギー状態が高く、不安定で崩壊しやすい原子核を持つものです。この発見は、原子の内部構造と放射性崩壊の理解に大きく貢献し、現代の原子力技術の基礎を築くとともに、それまでの原子観を大きく変えました。

子番号は1増える。

7／ウランの同位体であるウラン238は非常に不安定で、まずα崩壊を起こし、ヘリウム原子核を放出してトリウム234になる。次に、トリウム234はβ崩壊を起こし、プロトアクチニウム234、さらにウラン234へと変化する。ウラン234は再びα崩壊を起こし、トリウム230になる。このような一連の放射性崩壊を経て、最終的にウラン238はラジウム226へと変化する。この過程で、α線やβ線などの放射線が放出される。キュリー夫妻は、このようなウランの放射性崩壊を研究し、放射性元素を発見した。

原子核の安定性

キュリー夫妻の発見を踏まえ、原子核の安定性についての理解が深まりました。原子核の安定性は、原子核に含まれる陽子と中性子の数のバランスによって決まります。原子番号（陽子数）と中性子数の比率が適切な範囲内にある原子核は安定しており、そのバランスが崩れると不安定になります。

原子番号が小さすぎる原子核、例えば水素（原子番号1）やヘリウム（原子番号2）は、陽子同士の電気的反発力が弱いため、核融合反応[8]によってより安定な原子核へと変化しようとします。一方、原子番号が大きすぎる原子核、例えばウラン（原子番号92）やプルトニウム（原子番号94）は、陽子と中性子の数が多すぎるため、核分裂反応[9]によってより小さな原子核に分かれようとします。

原子番号26の鉄とその周辺は、核融合と核分裂のエネルギーバランスがちょうど釣り合っているため、最も安定しています。鉄より原子番号が小さい原子核は、核融合によってより安定な状態へと変化する傾向があり、鉄より原子番号が大きい原子核は、核分裂によってより安定な状態へと変化する傾向がある

8／核融合反応とは、二つの軽い原子核が合体して一つの重い原子核になる反応のことで、太陽などの恒星内部で起こっていて、大量のエネルギーが放出される。

9／核分裂反応とは、一つの重い原子核が二つ以上の軽い原子核に分裂する反応のことで、原子力発電などに利用されている。この反応でも、大量のエネルギーが放出される。

のです。

この原子核の安定性の理解は、原子力エネルギーの利用や放射性物質の管理において重要な役割を果たしています。不安定な原子核のエネルギーを制御することで、原子力発電や医療用アイソトープ（放射性同位元素）の製造が可能になったのです。

2

原子爆弾と水素爆弾

原子力は、膨大なエネルギーを生み出す可能性を秘めた科学技術です。しかし、その利用は、平和利用と兵器開発という二つの側面を持ち合わせています。ここでは、原子爆弾や水素爆弾の開発、そしてそれらがもたらした悲劇と教訓について解説します。

原子核反応と原子力

原子核がより高いエネルギー状態からより低いエネルギー状態に変化する際、余分なエネルギーが放出されます。この原子核の変化を「原子核反応」と呼び、放出されるエネルギーを「原子力」と呼びます。原子力は、物質を構成する原子同士の結合が変化する化学反応のエネルギーと比較して、桁違いに大きなエネルギーです。

ウランのような大きな原子核が分裂してより小さな原子核になる過程を「核分裂反応」と呼び、放出されるエネルギーを「核分裂エネルギー」と呼びます。一方、水素のような小さな原子核が二個合体してヘリウムのようなより大きな原子核になる過程を「核融合反応」と呼び、発生するエネルギーを「核融合エネルギー」と言います。

原子爆弾開発の背景

二〇世紀初頭、キュリー夫妻による放射性元素（放射線を出す元素）の発見や、アルバート・アインシュタイン（一八七九〜一九五五）の特殊相対性理論に基づく質量とエネルギーの等価性（$E=mc^2$）の提唱など、原子核物理学は急速に進歩しました。キュリー夫妻はラジウムとポロニウムの発見を通じて放射能という現象を明らかにし、アインシュタインは質量がエネルギーに変換されることを示しました。これらの進歩により、原子核反応をエネルギー源として利用することが可能になりました。

　一九三八年、ドイツの科学者オットー・ハーン（一八七九〜一九六八）とフリッツ・シュトラスマン（一九〇二〜一九八〇）はウランの核分裂を発見しました。この発見に基づき、リーゼ・マイトナー（一八七八〜一九六八）とオットー・フリッシュ（一九〇四〜一九七九）は核分裂の理論的な説明を行い、原子核が中性子の吸収によって分裂し、膨大なエネルギーを放出することを明らかにしました。ナチス・ドイツはこの核分裂反応を利用した原子爆弾の開発を進めたため、アメリカはこれに対抗した「マンハッタン計画」と呼ばれる原子爆弾開発プロジェクトを極秘裏に立ち上げました。ナチスの迫害を逃れた多くのユダヤ人科学者もこの計画に参加し、原子核物理学の知見が軍事利用されました。

　ドイツから逃れたユダヤ人科学者の一人、レオ・シラード（一八九八〜一九六四）は、核連鎖反応の概念を提案し、核分裂を利用した兵器の可能性に早期に気づきました（シラードはその後、初の持続可能な核連鎖反応を実現しました）。

　そもそもマンハッタン計画は、シラードがアインシュタインを通じてフランクリン・ルーズベルト大統領（一八八二〜一九四五）に対して、ドイツが原子爆

10／広島の原爆は「リトルボーイ」と呼ばれ約一六キロトンの威力、長崎の原爆は「ファットマン」と呼ばれ約二一キロトンの威力だった。ウラン235は入手が比較的容易だったが、プルトニウム239は天然にはほとんど存在せず、原子炉でウラン238を中性子照射して生成する必要があった。両方の爆弾を開発することで、技術的失敗のリスクを減らし、異なる設計の爆弾の性能と破壊力を比較するためのデータを収集する意図があったとされる。

11／一九四五年一二月末時点で、広島市で約一四万人が、長崎市で約七万四〇〇〇人が死亡し、負傷者は両市で約一五万八〇〇〇人にのぼるとされている。

弾を開発する可能性について警告する手紙を送ったことにあります。つまりドイツを逃れたシラードが、アメリカ政府に原爆開発を促すきっかけを与え、結果としてマンハッタン計画が立ち上がったというわけです。

原子爆弾の投下と開発競争

一九四五年八月、アメリカは広島にウラン235を、長崎にプルトニウム239を用いた原子爆弾を投下しました。[10] これらの原子爆弾による攻撃は、一瞬にして多くの尊い人命を奪い、都市を壊滅させました。[11] また、放射性物質による深刻な汚染は、長期にわたって人々の健康に深刻な影響を及ぼしました。原子爆弾の使用は、科学の軍事利用がもたらす未曾有の破壊力を世界に示す出来事となったのです。

戦後、アメリカとソ連（ソビエト連邦）は核兵器開発競争に突入しました。核融合反応を利用した水素爆弾の開発が進められ、原子爆弾をはるかに上回る破壊力を持つ兵器が次々と生み出されました。一九五二年にアメリカが最初の水

11 放射線被曝による後障害で、その後も多くの人々が亡くなった。

素爆弾実験に成功し、翌年にはソ連も水素爆弾の開発に成功しました。

一九五四年、アメリカがビキニ環礁で行った水素爆弾実験により、日本のマグロ漁船「第五福竜丸」が被爆し、乗組員が急性放射線症で死亡するという痛ましい事件が起きました。この事件は、核兵器による放射能汚染の広範囲に及ぶ危険性を世界に知らしめました。

冷戦時代、アメリカとソ連は核兵器の開発と配備を続け、人類は核戦争の脅威に常に晒されました。一九六一年、ソ連は爆発力五〇メガトン（広島型原爆の約三三〇〇倍）の水素爆弾「ツァーリ・ボンバ」の実験に成功しました。この爆発力は、第二次世界大戦中に使用された全火薬量の一〇倍に相当します。[12]

12／ソ連首脳部は当初、一〇〇メガトンの爆弾を計画したが、その場合は投下した飛行機が無事に帰還できないため、半分にしたと伝えられている。なおロシア語で「ツァーリ・ボンバ」は「爆弾の皇帝」の意。

3 原子力発電の発展と課題

第二次世界大戦後、核兵器開発の悲惨な結果を受けて、原子力の平和利用を求める声が高まりました。アインシュタインをはじめとする著名な科学者や原子爆弾開発に関わった科学者からも、反省の声が上がりました。こうした機運を受け、一九五三年、当時のアメリカ大統領アイゼンハワー（一八九〇～一九六九）が「平和のための原子力」と題した演説を行い、原子力発電の道が開かれました。[13]

原子炉の燃料選択

原子力発電では、核分裂させる原子（核燃料）にウランとトリウムが候補に挙げられました。ウランは地殻中の存在率が二・七ｐｐｍと少なく、核燃料に

13／マンハッタン計画を主導したロバート・オッペンハイマーのように、核兵器の倫理的問題に深く悩み、戦後核軍縮運動に積極的に参加した人もいた。また、アイゼンハワーの演説は、国際原子力機関（ＩＡＥＡ）の設立にもつながった。

使える同位体ウラン235は天然ウランの〇・七％しか含まれていません。一方、トリウムは存在率が九・六ｐｐｍとウランより多く、ほぼ一〇〇％を占める同位体トリウム232がそのまま燃料になるという利点がありました。しかし、最終的にウランが選ばれた理由は、核分裂の副生物としてプルトニウムが生成され、原子爆弾の材料になるためでした。つまり、原子力発電の将来は、戦争に役立つかどうかという視点で決められたのです。

また、ウランの選択には技術的な理由もありました。ウラン235は低速の熱中性子を吸収して核分裂を起こすのに対し、トリウム232はまずウラン233に変換される必要があり、その過程が複雑でした。このため、初期の原子力技術開発では、比較的扱いやすいウランが優先されました。

さらに、ウラン235を濃縮する技術が戦後急速に進歩したことも、ウランの採用を後押ししました。ウラン濃縮施設の設立や運用は、軍事および民間の双方での核エネルギー利用を支える基盤となりました。これに対して、トリウムを利用する技術は、開発が遅れ、主流にはなりませんでした。

現在では、トリウムの利用可能性が再評価されており、より安全で効率的な

14／お湯を沸かしてスチームを作り、これを発電機のタービンの羽根に噴射してタービンを回すという原理は、火力発電と変わらない。

15／原子爆弾用のウラン濃縮度は九〇％以上の高濃縮が必要とされる。

原子力発電の実現に向けた研究が進められています。トリウム燃料は、高レベル放射性廃棄物の発生量が少なく、核兵器への転用が困難で、核拡散リスクが低いことなどから、将来のエネルギー源として注目されています。

原子炉の基本原理とウラン濃縮

原子力発電は、原子炉で発生した熱エネルギーを利用して発電機を回す仕組みです。具体的には、核燃料（ウラン235）を用いて核分裂連鎖反応を起こし、熱エネルギーを生み出します。この熱で水を沸騰させ、発生した水蒸気で発電機のタービンを回転させて電力を得ます。[14]

核燃料として使用するウランには、核分裂しやすいウラン235と核分裂しにくいウラン238があります。原子力発電に使えるのはウラン235ですが、天然ウランの中に含まれる割合はわずか〇・七％しかありません。そこで、濃度を高めるために遠心分離器にかけて濃度を三～五％にまで高めて使用します。[15]

原子炉における連鎖反応と制御

原子炉の中では、ウラン235の原子核に中性子が衝突すると、核分裂が起こります。この核分裂では、複数の中性子（ここでは簡単に説明するため二個とする）が放出されます。放出された二個の中性子がそれぞれ別のウラン235に衝突すると、さらに四個の中性子が生まれます。これらの中性子がまた別の原子核に衝突すると、八個の中性子が生まれる、といった具合に、反応が連鎖的に拡大していきます。これを連鎖反応と呼び、特に反応の規模が一回ごとに拡大していく場合を拡大連鎖反応と言います。拡大連鎖反応が続くと、最終的には爆発を引き起こしてしまいます。

一方、原子炉では、一回の反応で生じる中性子の数を一個に抑えることで、反応の規模を一定に保っています。この状態を定常連鎖反応と言います。定常連鎖反応を維持するためには、余分な中性子を吸収して取り除く必要があります。この役割を担うのが制御材（ハフニウムなど）です。制御材は、原子炉の出力を調整するブレーキとアクセルのような役割を果たしています。

また、核分裂で発生した中性子は非常に高速（光速の数分の一）で飛び回っています。しかし、このような高速中性子はウラン235と効率的に反応しません。効率的に反応させるためには、中性子の速度を下げて、低速の熱中性子にする必要があります。そこで、中性子と質量が近い物質（減速材）に中性子を衝突させ、速度を下げます。最も簡単で効果的な減速材は、中性子と同じ質量を持つ水素原子（H）の集合体である水（H_2O）です。

さらに、水は原子炉で発生した熱を外部に運ぶ役割も果たしています。原子炉で温められた水（または水蒸気）は、発電機のタービンの羽根に吹き付けられ、発電機を回して電力を生み出します。つまり、水は中性子の速度を落とす減速材、熱を運ぶ熱媒体であると同時に、原子炉を冷やす冷却材としても機能しているのです。

原子炉の構造と安全設計

原子炉は、放射性物質を安全に取り扱うために、原子炉を圧力容器で覆い、その外側を格納容器で覆うという二重の構造を採用しています。圧力容器は、厚さ約二〇センチメートルの鍛造ステンレス鋼で作られており、原子炉を守るとともに、放射線から外部環境を守る役割も果たしています。また、外側の格納容器は、厚さ数センチメートルの鍛造ステンレス鋼と、厚さ数メートルのコンクリートで構成されており、万が一圧力容器が破損した場合でも、放射性物質の拡散を防ぐことができます。

原子炉の中心部分は圧力容器の中にあり、ここには核反応を起こす燃料体、反応を制御する制御棒、そして冷却水が収められています。

燃料体には、ウラン235などの核分裂性物質が含まれており、核分裂反応によってエネルギーを放出します。制御棒は燃料体の間に挿入され、中性子を吸収する材料でできています。制御棒を燃料体の間に深く挿入すると、より多くの中性子が吸収されるため、核反応は抑えられます。逆に、制御棒を引き抜くと、核反応が活発になります。

核分裂反応で発生した熱は、一次冷却水を加熱し、水蒸気に変えます。ただし、この水蒸気は放射性物質に汚染されているため、直接発電には使えません。そこで、熱交換器を用いて、二次冷却水に熱を移します。この二次冷却水が、原子炉の外部にある発電機のタービンを回して電力を生み出します。

このように、原子炉は燃料体、制御棒、冷却水、圧力容器、格納容器などの複数の要素が緊密に連携し、安全性と効率性を両立させる設計になっています。また、多重の防護壁を設けることで、放射性物質が外部に漏れ出すリスクを最小限に抑えています。

4 原子力事故と放射能の脅威

原子炉は二〇世紀の科学技術の粋を集めた複雑かつ精巧な装置であり、莫大なエネルギーを生み出す可能性を秘めています。しかし、ひとたび事故が発生すれば、放射性物質の漏洩による環境汚染や健康被害など、深刻な事態を引き起こす危険性も孕んでいます。とりわけ初期の原子炉は軍用の研究施設であり、軍事機密のベールに覆われていました。原子炉の事故は世間に知らされないままになっている可能性のものもあるのです。

原子炉以外の事故

原子核反応による事故は原子炉によるものだけではありません。放射性物質を扱う施設でも、適切な管理を怠れば重大な事故につながる可能性があります。

16／彼女とともに研究し、一九〇三年にノーベル物理学賞を共に受賞した夫ピエールは、一九〇六年に馬車に轢かれて亡くなった。一方マリーは一九一一年にノーベル化学賞を受賞している（ラジウムとポロニウムの研究）。マリーはノーベル賞を受賞した初の女性であり、二度にわたりノーベル賞を受賞した世界で唯一の女性科学者である。

17／臨界とは、核分裂が連鎖的に続く状態を指す。臨界事故は核分裂連鎖反応が制御不能原子力技術の黎明期には、放射線の危険性に対する認識が現在ほど深くありませんでした。放射性元素の研究で知られるマリー・キュリーは、ラジウムを分離・発見するという偉大な功績[16]を残した一方で、放射性物質を素手で扱うなど、今日では考えられない危険な実験を行っていたとされています。このような状態で半世紀にわたって研究した彼女は、重度の白内障を患い、晩年は盲目状態だったと言います。直接の死因は再生不良性貧血でしたが、これは重度の放射線障害によって起こったものでしょう。

マリー・キュリーの時代から約一〇〇年後、日本では、放射線被曝による悲劇が再び繰り返されました。一九九九年に茨城県東海村にある核燃料加工施設（JOC）で、国内初の臨界事故[17]が発生しました。この事故は、作業員が核燃料物質であるウランを規定量を超えて取り扱ったため、核分裂連鎖反応が制御不能に陥り、大量の中性子線が放出されたことによって引き起こされました。

本来、核燃料の加工は、厳格な手順と安全対策の下で行われるべきですが、JOCの作業員は作業効率を優先し、マニュアルに反するずさんな方法でウラン溶液を扱っていました。その結果、臨界状態に達し、作業員二名が大量の放

になり、放射線被曝や放射性物質の放出、熱的影響など、重大な事態を引き起こす事故のこと。

射線を浴びて死亡、一名が重傷を負いました。さらに、周辺住民も避難を余儀なくされ、社会に大きな衝撃を与えました。

原子炉事故

歴史に残る大事故が三件あります。

一九七九年のアメリカのスリーマイル島原発事故は、それまでの原子力発電における安全神話を崩壊させました。事故の発端は、二次冷却系のパイプに異物が詰まったことでした。この異物の詰まりにより、二次冷却水のポンプが停止してしまい、一次冷却水の冷却ができなくなって温度が上昇しました。一次冷却水の温度上昇により、原子炉内の圧力が高まり、安全弁が開いてしまい、放射性物質を含む大量の一次冷却水が外部に放出されてしまったのです。制御棒が緊急挿入されて原子炉は停止しましたが、その後、計器の異常や運転員の操作ミスが重なり、最悪の事態に至りました。原子炉が冷却水を失った状態（空焚き状態）になり、核燃料が部分的に溶融するメルトダウンに至ってしまった

18／事故から三日後には、原発から半径八キロメートル以内の学校が全て閉鎖され、さらに半径一六キロメートル以内の住民には屋内避難が指示された。周辺地域はパニック状態に陥ったと言われている。

19／この石棺の建設は一九八六年六月に始まり一一月に完了するまで約五か月を要し、軍隊を含めて延べ六〇万人から八〇万人の作業員が動員されたとされる。崩壊した原子炉と建屋を丸ごとコンクリートで囲い込むため、五〇万立方メートルのコンクリートと六〇〇〇トンの鋼材が使用されたという。

のです。[18] この事故は、人的ミスや機器の設計上の問題など複合的な要因によって引き起こされたものであり、原子力発電のリスクを改めて認識させる契機となりました。

冷戦時代には、原子力開発が軍事利用と密接に結びついていたため、原子炉事故の情報が隠蔽されることもありました。一九八六年四月二六日にソ連（現ウクライナ）で発生したチェルノブイリ原発事故はその最たる例です。この原発は建設間もないもので、試運転中に起きた爆発事故でした。本来、試運転では出力を二〇〜三〇％に抑える予定でしたが、操作ミスにより一％まで低下してしまいました。運転員は安全装置を解除して再稼働を試みましたが、今度は出力が急上昇します。慌てて制御棒を挿入しましたが、この原子炉は制御棒挿入時に一時的に出力が上がる設計上の欠陥がありました。慌てた運転員が緊急停止ボタンを押した六秒後、原子炉は爆発に至ってしまったのです。当時のソ連は情報統制が厳しく、事故の詳細は隠蔽されました。しかし、翌日にスウェーデンで高濃度の放射線が検出され、国際社会に衝撃を与えました。原子炉は大量の鉛とコンクリートを用いた「石の棺桶」で封鎖されましたが[19]、事故から四〇年近く経った今でも、現地は立ち入り禁止区域となっていて影響が続いています。

チェルノブイリの大事故から二五年経った二〇一一年三月一一日、東日本大震災に伴う巨大津波が福島第一原子力発電所を襲い、未曾有の事故を引き起こしました。地震には耐えた原子炉でしたが、津波により外部電源を喪失。原子炉の冷却機能が停止し、炉心温度が上昇しました。原子力発電所は、冷却に必要な電力を外部電源に頼っています。その電源が失われたことで、原子炉は過熱状態に陥り、爆発を防ぐため非常扉が開かれ、放射能汚染水が環境中に漏出しました。さらに、使用済み核燃料プールも冷却機能を失い、過熱した燃料棒が水と反応して水素を発生。これが引火し、水素爆発を引き起こしました。この一連の事故により、福島第一原発は深刻な損傷を受け、周辺住民は長期にわたる避難生活を余儀なくされました。事故から一三年経った現在も、避難指示が完全に解除されていない地域が残っています。[20]

福島第一原発事故は、一九八六年のチェルノブイリ原発事故と並び、国際原子力事象評価尺度（ＩＮＥＳ）で最悪レベルの「レベル七」に分類されました。

20／本書発行時点で、七市町村（南相馬市、富岡町、大熊町、双葉町、浪江町、葛尾村、飯舘村）の一部に帰還困難区域が設定されている。

21／福島第一原発から漏れ出した放射性物質は、チェルノブイリ事故に比べて、放射性ヨウ素が約一〇%、放射性セシウムが約二〇%とされる。

レベル七は「深刻な事故」と定義され、広範囲にわたる健康や環境への影響が懸念されます。

両事故ともレベル七ではありますが、放出された放射性物質の量や事故の状況は異なります。チェルノブイリ事故では、原子炉自体が爆発し、大量の放射性物質が直接大気中に放出されました。一方、福島第一原発事故では、原子炉建屋の水素爆発により放射性物質が放出されましたが、その量はチェルノブイリ事故よりも少なかったとされています[21]。

しかし、福島第一原発事故は、地震と津波という自然災害をきっかけに、複合的な要因が重なって発生したという点で、原子力発電所の安全対策の在り方を改めて問い直す契機となりました。

5

未来を担うエネルギー源

化石燃料の燃焼は、二酸化炭素をはじめとする温室効果ガスの排出を引き起こし、地球温暖化の主因となっています。産業革命以降、人類は経済発展のために大量の化石燃料を消費してきましたが、その結果、地球の平均気温は上昇し続け、気候変動が深刻化しています。

代替エネルギーの課題

地球温暖化は、異常気象の頻発、海面上昇、生態系の破壊など、地球規模で様々な影響を及ぼしています。干ばつや洪水は農作物の収穫量を減らし、食料危機を引き起こす可能性があります。また、海面上昇は沿岸部の都市を水没させ、多くの人々が住む場所を失う恐れがあります。これはもはや遠い未来の話ではなく、私たちが今まさに直面している危機なのです。

こうした状況の中、二酸化炭素を排出しない再生可能エネルギーは、地球温暖化対策として重要な役割を担っています。太陽光発電、風力発電、水力発電、地熱発電、バイオマス発電など、様々な再生可能エネルギー技術が開発・導入されていますが、それぞれに課題も抱えています。

太陽光発電や風力発電は、天候に左右されるため、安定的な電力供給が難しいという問題があります。また、大規模な太陽光発電所や風力発電所を建設するには、広大な土地が必要となり、環境への影響も懸念されます。水力発電は、ダム建設による生態系への影響や、地域住民の生活への影響が問題となることがあります。地熱発電は、火山地帯など限られた地域でしか利用できず、発電規模も限定的です。

再生可能エネルギーは、地球温暖化対策として不可欠な存在ですが、現代社会が必要とする大量のエネルギーを安定的に供給するには、まだ多くの技術的な課題が残されているのです。

原子力発電の再評価と安全性向上への取り組み

そうした中、二酸化炭素を排出しない原子力発電が見直されています。とはいえ、従来の原子力発電には安全性の問題や放射性廃棄物処理の問題など、解決すべき課題が山積しています。そこで、次世代原子力発電として、安全性と効率性を向上させた新たな技術開発が進められています。

次世代原子力発電では、安全性を最優先に、従来の安全対策をさらに強化しています。例えば、原子炉の冷却システムに冗長性を設け、万が一の故障時にも炉心の冷却を確保できるような設計が採用されています。また、福島第一原発事故の教訓を踏まえ、津波や地震などの自然災害に対する耐震性や耐水性も向上しています。

さらに、革新的な安全対策として、原子炉の真上に巨大なプールを設置し、事故時にはプール水を落下させて炉心を冷却する「受動的安全システム」も検討されています。これは、ポンプなどの能動的な機器に頼らず、重力などの自然の力を利用して原子炉を冷却するシステムであり、より高い安全性が期待されています。

新素材の活用も、原子力発電の安全性向上に大きく貢献すると期待されています。例えば、核燃料を包み込む被覆管《ひふくかん》材料を従来のジルコニウム合金から、シリコンカーバイドなどの新セラミックス材料に代えることが検討されています。シリコンカーバイドは高温強度や耐酸化性に優れ、事故時の水－ジルコニウム反応による水素発生を抑制できます。

新型燃料と革新的原子炉の開発

燃料面では、ウランに代わる燃料として、トリウムを利用する原子炉の開発が進んでいます。トリウムは、ウランよりも豊富に存在し、核分裂反応で生成される放射性廃棄物の量も少ないという利点があります。トリウムは直接核分裂はせず、中性子を吸収してウラン233に変換された後に核分裂を起こします。トリウム原子炉は、過去に実験炉が建設され、数年間にわたる安全運転の実績もあります。技術的な課題は残りますが、資源の豊富さや安全性、核拡散のリスクが低いといった利点から、将来の原子力発電の選択肢として期待されています。

次に紹介するのが「高速増殖炉[22]」です。これは、「燃料が増殖する」という画期的な特徴を持つ原子炉です。燃料としてプルトニウム239を使用し、核分裂反応で発生する高速中性子を利用して、燃料にならないウラン238をプルトニウム239に変換します。これにより、燃料を消費しながら同時に生成することが可能となり、ウラン資源の有効活用につながります[23]。高速増殖炉では高速中性子が必要なため、中性子を減速させないために冷却剤として水ではなく、液体ナトリウム[24]やヘリウムガスなどが用いられます。ロシアでは高速増殖炉の商業運転に成功しており、今後の技術開発に期待が寄せられています。

最後に紹介するのが「核融合炉」です。これは太陽と同じ仕組みでエネルギーを作るもので、軽い原子核（重水素や三重水素といった水素の仲間）をくっつけて、より重い原子核に変え、その時に大量のエネルギーを放出するものです。核融合炉の中では、重水素や三重水素という特別な水素の種類を超高温で加熱し、プラズマ状態にします。プラズマとは、原子が電子と原子核に分かれた状

22／福井県にある実験用の高速増殖炉「もんじゅ」は、一九九四年に初めて臨界（核分裂連鎖反応が持続する状態）に達した。しかし一九九五年のナトリウム漏れ事故以降、運転が停止することが多く、最終的には二〇一六年に廃止が決定された。

23／ただし、高速増殖炉はプルトニウムを生成するため、核拡散のリスクが懸念されている。

24／ナトリウムは水と反応すると水素を発生して爆発する。

25／二〇三〇年代後半から二〇四〇年代にかけて原型炉の建設が見込まれている。原型炉の実証を経て、商業炉の実現は二〇五〇年代以降に期待されている。

態のことで、非常に高い温度でしか存在しません。このプラズマの中で、原子の核同士がくっつくことで核融合が起こり、エネルギーが放出されます。核融合反応では放射性廃棄物の発生量が極めて少なく、燃料となる重水素は海水から豊富に得られるため、高い安全性と環境適合性を備えています。しかし、核融合炉の実現には、プラズマの高温・高密度安定化や、高い中性子束に耐える構造材料の開発など、まだ多くの技術的課題が残されています。[25]

次世代原子力発電では、これらの多層的な安全対策や革新的な技術の導入により、深層防護の考え方に基づく抜本的な安全性向上が図られています。[26] しかし、安全性の追求は決して終わりのない継続的な取り組みであり、新たな科学的知見や技術の進歩に合わせて、常に安全性の更なる向上を目指していく必要があります。原子力発電の安全性向上は、国民の信頼を得るためにも不可欠であり、関係者が一丸となって取り組むべき重要な課題と言えるでしょう。

26／「深層防護」とは、原子力施設の安全を多層的な対策で確保する考え方である。異常運転の防止から放射性物質の放出緩和まで、五つの防護レベルが連携し、一層が機能しなくても他の層が安全を担保する。このシステムは、人と環境を放射線リスクから守るために不可欠であり、福島の事故後、安全基準が強化された。

第 12 章

磁石

AI時代を推進する素材

現代文明は電力を何に使っているのでしょうか。暖房や照明ももちろんですが、最も重要なのは動力と情報処理、つまり記憶力です。そして、この両方を支えているのが、磁石の力、すなわち磁気なのです。AIの根幹を成すのもまた、磁気です。

次世代の文明を築く鍵は、より強力で安定した磁石を開発することにあると言えるでしょう。

現代の磁石は、周期表第三族の希土類元素がその役割を担っていますが、今、新たな主役として注目されているのが炭素です。

炭素は、導体、超伝導体、磁性体といった、従来のイメージとは異なる分野でその能力を発揮し始めています。現代は、まさに「炭素器時代」の幕開けと言えるかもしれません。

1 電磁石の重要性

私たちの生活は、この一〇〇年ほどで飛躍的に変化しました。特に電気エネルギーの利用は目覚ましく、昔ながらの機械から最新のコンピューターに至るまで、電気は欠かせない存在となっています。その電気機器の多くに使われているのが、磁石の力である磁性です。発電機、モーター、スピーカー、ハードディスクなど、私たちの身の回りの技術は、磁性なしでは成り立ちません。

磁石の発見と発展

磁石の発見は、古代にさかのぼります。約三〇〇〇〜五〇〇〇年前、人々は天然の磁鉄鉱《じてっこう》（ロードストーン）が鉄を引き付ける性質を見つけました。[1] 中国の春秋戦国時代（紀元前七〇〇〜二〇〇年頃）には、磁石を用いた羅針盤（指南車[2]）

1／磁鉄鉱は天然の磁石で、化学的には鉄の酸化物。雷による強い磁場の影響で磁性が生じ、古くからコンパスの針として利用されてきた。地球の地磁気の研究にも重要であり、パワーストーンとしても人気がある。

2／磁鉄鉱を用いて方位を示す装置で、旅や航海の際に方向を知るために使われ、これが後に羅針盤へと進化した。

が発明され、西洋よりもはるかに早く実用化されていました。磁石の持つ磁界の性質を利用した羅針盤は、航海者たちに正確な方位を示し、大航海時代を切り開く重要な役割を果たしました。

その後、磁石の科学は、主にヨーロッパで発展しました。一八世紀半ばの産業革命期に入ると、電磁気学の基礎が築かれます。一八二〇年、デンマークの物理学者エルステッドが電流の周りに磁界が存在することを発見し、電磁気学の基礎が築かれました。一八二三年、イギリスのウィリアム・スタージャンが電磁石を発明し、一八三一年にはマイケル・ファラデーが電磁誘導の法則を発見しました。これらの発見によって、モーターや発電機などの電気機器が次々と発明され、工業化が加速しました。磁石の応用は、近代化の原動力となったのです。

電磁石の原理と応用

磁石には、大きく分けて「永久磁石」と「電磁石」の二種類があります。永久磁石は、一度磁化されると外部からエネルギーを与えなくても磁力を保ち、その強さは一定です。一方、電磁石は、コイルに電流を流すことで磁石の性質を示します。

電磁石の原理は、電流の周りには磁場が発生するという電磁気学の法則に基づいています。コイルに電流を流すと、コイルの周りに磁場が生じ、コイルの中心にある鉄心が磁化されて磁石になります。[3]

電磁石の磁力は、コイルの巻き数と電流の大きさに比例します。したがって、強力な電磁石を作るには、コイルの巻き数を増やしたり、大きな電流を流したりする必要があります。[4]

電磁石の大きな利点は、電流のオンオフで磁力を自在に制御できることです。これを利用して、クレーンで鉄板を持ち上げたり、ハードディスクに情報を記録・消去したりすることがスイッチ一つで簡単にできます。また、電磁石は、リニアモーターカーの推進、粒子加速器の制御、ＭＲＩ装置での画像撮影など、科学技術の様々な分野で重要な役割を果たしています。

3／このとき、電流の向きと磁力線の向きの関係は、「フレミングの左手の法則」や「アンペールの右ねじの法則」として知られている。

4／ただし電流が大きくなると、コイルの抵抗によるジュール熱が発生するため、冷却が必要になり、その強さには限界がある。

2 磁石の性質と希土類

みなさんは、磁石に引きつけられる不思議な力を感じたことがあるでしょう。実は、この磁石の力は、電気を帯びた小さな粒子「電子」の動きから生まれています。

電子と磁石の関係

電子は、自分自身が回転する性質（スピン）を持っています。このスピンによって、電子は小さな磁石のように振る舞います。つまり、電子はN極とS極を持ち、他の磁石と引き付けあったり反発したりするのです。しかし、多くの原子では、上向きのスピンを持つ電子と下向きのスピンを持つ電子が対になって、磁石の力を打ち消し合っています。ただし、対になっていない電子（不対電子）

を持つ原子は、磁石のような性質を示します。

酸素分子は、不対電子を持つ代表的な例です。酸素分子は二個の酸素原子からできていますが、分子全体で二個の不対電子を持っています。そのため、液体酸素は磁石に引きつけられる性質があります。普段、そのようなことが起きないのは、磁石の力が弱いことと、酸素分子が活発に動き回っているからです。[5]

磁石の進化と希土類の役割

一八世紀の産業革命を推進したのは、機械の利用、蒸気機関、化石燃料の利用などでしたが、一九世紀になると、エネルギー源は電気エネルギーに移行していきました。化石燃料のエネルギーは電気エネルギーに変換され、電気エネルギーはモーター、スピーカー、電話など、磁石を利用した機器に用いられるようになりました。それに伴って、磁石の小型化、強力化が進められました。

特に携帯電話やスマートフォンの普及に伴い、その傾向が加速しています。

機器の小型化は、小さく、強い磁石である「希土類磁石」と呼ばれる永久磁

5／酸素を冷やして液体にした液体酸素を用いれば、磁石に引き寄せられる様子が観察できる。

6／希土類（レアアース）には独特な科学的および物理的特性がある。それは、優れた磁性や触媒特性、熱安定性、高い発光性や熱安定性、特殊な合金特性などである。発光性からLEDやディスプレイなど、触媒特性から排ガス浄化装置など、熱安定性から高温超伝導体や航空宇宙産業など、用途は幅広い。

7／ネオジム磁石は、ネオジム、鉄、ホウ素を主成分とする磁石で、非常に強力な磁力を持つ。ネオジム磁石は、ジスプロシウムやテルビウムを添加することで耐熱性を向上させる

石の登場に支えられて発展しました。希土類元素（レアアース）とは、周期表第三族の「ランタノイド」と呼ばれる一五種類の元素と、スカンジウム、イットリウムを合わせた一七種類の元素の総称です。[6]

希土類磁石は、ネオジム、サマリウム、ジスプロシウムなどの希土類元素を使って作られます。[7] これらの磁石は、ハイブリッド車や電気自動車のモーター、風力発電機、ハードディスクドライブ、スマートフォンなど、現代社会に欠かせない製品に使われています。[7]

地政学的リスクと未来の金属

世界の希土類の生産は、その約八割を中国が担っているとされます。[8] そのため、中国の政策次第で希土類の供給が不安定になるリスクがあります。日本を含む各国は、このリスクに備えて、希土類の安定的な確保や代替材料の開発に力を入れています。

近年注目されているのが「アモルファス金属」と呼ばれるものです。この金

ことがでる。また、サマリウムコバルト磁石は、サマリウムとコバルトを主成分とする磁石で、ネオジム磁石に比べて高温環境での性能が優れている。

8／中国はレアアースの採掘から精錬、合金化、磁石製造まで自国内で完結する体制を構築しており、これにより国際市場での価格競争力を持っている。

属は、原子の配列が不規則な、ガラスのような構造を持つ金属です。一般的な金属は、原子が規則正しく並ぶ結晶構造をしていますが、アモルファス金属は、この規則性がなく、原子がランダムに配置されています。もともと結晶構造を持つ一般的な金属は、原子配列の乱れ（格子欠陥）が強度や耐久性を低下させる要因となります。一方、アモルファス金属にはこのような欠陥が存在しないため、磁力が安定し強力、高い強度や耐食性、耐摩耗性などの優れた特性を示します。

アモルファス金属の製造には、溶融状態の金属を急速に冷却する特殊な技術が必要です。このため、大型の製品を作ることは困難であり、製造コストも高くなる傾向があります。しかし、近年では、製造技術の進歩により、薄膜や粉末状のアモルファス金属だけでなく、バルク状（塊状）のアモルファス金属も製造できるようになってきました。[9]

アモルファス金属は、スマートフォンやパソコンなどの電子機器の部品、医療機器、高効率な変圧器、高強度な構造材料など、幅広い分野での利用が検討されています。

9／日本では、日立製作所がアモルファス金属の応用研究と実用化を先導している。

このように、アモルファス金属の研究開発は、希土類の使用量削減や地政学リスクの軽減といった観点からも、持続可能な社会の実現に向けて重要な役割を果たすと考えられているのです。

3 夢の超伝導磁石

超電導磁石は、二〇世紀に発見された新しい金属の状態である「超伝導状態」を利用して作られた磁石です。

そもそも物質は、温度によって異なる状態をとります。例えば、水は低温では固体の氷、室温では液体の水、高温では気体の水蒸気となります。このように、物質の分子構造は変わらなくても、物性は大きく変化します。この現象を「状態」と呼びます。超伝導状態は、低温の金属が示す特別な状態です。

超伝導状態とは

通常、金属中を電子が移動する際には電気抵抗が生じ、熱が発生します。しかし、金属は低温になるほど電気抵抗が小さくなり、ある温度（臨界温度）以下では電気抵抗がゼロになります。この状態を「超伝導状態」と呼びます。超伝導状態では、電流がいくら流れても発熱しないため、エネルギー損失がありません。この特性を利用して、強力な磁石を作ることができます。

超伝導磁石の特性

超伝導状態にある電磁石を「超伝導磁石」と言います。この磁石は発熱しないため、大きな電流を流して非常に強力な磁力を得ることができます。しかし、臨界温度の問題があります。現在、コイルとして使える金属の臨界温度は約一〇ケルビン（K、マイナス二六三度C）程度です。物質の臨界温度の最高値は一五〇ケルビンを超えますが、これらはセラミックスであり、コイルとして使うことはできません。このため、冷媒として液体ヘリウムが必要になります。ヘリウムは日本では産出されず、空気中に微量しか含まれていません。そのため、液体ヘリウムの調達には高いコストがかかります。理想的には、鉄系合金で臨界温度を液体窒素温度（七七ケルビン、マイナス一九六度C）まで上げることが望まれていますが、まだ実用化には至っていません。

一方、中国の研究グループが鉄系合金の研究を進めているとの報告がありま す。また、日本の某大学研究グループが、鉄系合金を酒で煮るというユニークな方法で超伝導状態を実現したという報告があります。醸造酒に含まれる有機酸が何らかの影響を与えている可能性が示唆されており、今後の研究に期待が寄せられています。

4 未来を変える磁石の力

磁石の持つ力は、磁性体を引きつける力（磁力）、磁力線の方向（磁界）、そして磁極の向きを変えるために必要なエネルギー（励起エネルギー）という三つの側面から捉えることができます。こうした性質を利用して、これからも様々な技術を生み出し、私たちは社会を発展させていくでしょう。

磁石の進化と未来社会への貢献

磁石の進化は、現代社会においても留まるところを知りません。例えば、近年開発されたネオジム磁石は、従来の磁石よりもはるかに強力な磁力を持ち、小型化・軽量化が可能になりました。これにより、電気自動車やドローン、ロボットなど、様々な分野で高性能なモーターの開発が進んでいます。

また、磁気記録技術も進化を続けています。ハード・ディスク・ドライブ（ＨＤＤ）の記録密度は年々向上しており、近い将来には一平方インチあたり一〇テラビットを超える超高密度記録が可能になると予想されています。さらに、磁気抵抗メモリ（ＭＲＡＭ）と呼ばれる新しいタイプのメモリは、高速動作、低消費電力、不揮発性といった特徴を持ち、次世代のコンピューターメモリとして期待されています。このＭＲＡＭの進化は、ＡＩ開発に欠かせないＧＰＵ[10]（画像処理装置）の性能向上にもつながると考えられています。

医療の発展やエネルギー問題解決の鍵

磁石は、医療分野においても革新的な進歩をもたらしています。たとえばＭＲＩ（磁気共鳴画像法）は、強力な磁場と電波を利用して体内の水素原子核（プロトン）の分布を画像化する技術です。プロトンは磁場中で特定の周波数の電波を吸収し、高エネルギー状態（励起状態）に移行します。この励起状態から元の状態（基底状態）に戻る際に放出される信号を検出することで、体内の詳

10／ＧＰＵは、主に画像処理や３Ｄグラフィックスのレンダリングに特化したプロセッサ。高性能な計算能力を持ち、パラレルコンピューティングに優れているため、近年ではＡＩや機械学習、科学計算など幅広い分野でも利用されている。ＧＰＵは、多数のコアを搭載しており、同時に大量のデータを処理できるため、膨大な計算が必要な処理に適している。

11／近年では、ＭＲＩ技術はさらに進化し、機能的ＭＲＩ（ｆＭＲＩ）や拡散強調ＭＲＩ（ＤＷＩ）など、様々な検査法が開発されている。ｆＭＲＩは、脳の活動に伴う血流変化を画像化することで、脳機能の解明に役立っているほか、ＤＷＩは、

細な情報を画像化することができます。超電導磁石を用いたMRIは、従来の磁石よりも強力な磁場を発生させることができるため、より高解像度な画像を得ることができ、病気の早期発見や正確な診断に貢献しています。[11]

また、磁石の特性を活かした新たな治療法の開発も進んでいます。「磁気ハイパーサーミア」は、磁性体ナノ粒子を腫瘍組織に集積させ、外部から交流磁場を当てることで、ナノ粒子を発熱させ、がん細胞を死滅させる治療法です。磁気刺激療法は、脳に磁気刺激を与えることで、うつ病やパーキンソン病などの治療に効果が期待されています。

磁石の最も壮大な応用の一つは、核融合炉です。核融合反応に必要な超高温のプラズマを閉じ込めるためには、超電導磁石の強力な磁場が不可欠です。核融合炉の実現は、人類のエネルギー問題を根本的に解決する可能性を秘めており、世界中で研究開発が進められています。

11 水分子拡散の度合いを画像化することで、脳梗塞や腫瘍などの診断に貢献している。

磁石が拓く未来

ここまで見てきたように、磁石は古くから人類とともにあり、私たちの生活を支えてきました。そして、これからも、エネルギー、医療、情報技術など、様々な分野でさらなる進化を遂げ、持続可能な社会の実現に貢献していくでしょう。

特に近年、AI技術の急速な発展は、磁石の新たな可能性を切り拓いています。AIの学習には膨大な計算能力が必要であり、その計算を担うGPUには、高性能な磁石が不可欠です。磁石の性能向上は、AIの処理能力向上に直結し、自動運転、医療診断、創薬など、様々な分野でのAI活用を加速させるでしょう。

また、超電導技術の進歩も、磁石の応用範囲を大きく広げています。超電導磁石は、リニアモーターカーや核融合炉だけでなく、量子コンピューター[12]や電力貯蔵システム[13]など、未来のテクノロジーに欠かせない存在となっています。超電導技術とAI技術の融合は、これまでにない革新的な技術を生み出し、私たちの生活を劇的に変える可能性を秘めているのです。

12／量子コンピューターは、量子力学の原理を利用した新しいタイプのコンピューター。従来のコンピューターが〇か一のどちらかの状態しか扱えないのに対し、量子コンピューターは一度に複数の計算を行うことができる。これにより、従来のコンピューターをはるかに超える処理能力を発揮することが期待されている。

13／電力貯蔵システムは、発電された電力を一時的に蓄え、必要な時に供給するシステム。超伝導コイルに電流を流して磁場エネルギーとして電力を貯蔵する方式で、再生可能エネルギーの出力変動に対応したり、電力系統の安定化に貢献したりすることが期待されている。

5 地球は巨大な天然磁石

地球は一個の巨大な磁石であり、北極と南極を持っています。この磁極は地図上の北極・南極とほぼ一致していますが、完全に一致しているわけではありません。また、磁極の位置は数年から数百年の単位で変化することが知られており、その正確な原因は不明ですが、地球内部の外核の対流運動や内核の回転が影響している可能性があります。[14] 古代の指南車から現代のコンパスに至るまで、磁石を使って方位を確認できるのは、地球が巨大な磁石であるからです。

オーロラの発生メカニズム

太陽は水素原子の巨大な塊であり、核融合反応によって水素原子がヘリウム原子に変化する際に、膨大な核融合エネルギーを放出しています。つまり、太

14／地球の内部には、鉄やニッケルなどの金属が溶けた液体状態で存在する外核がある。外核内の溶融金属が動くことで電流が生成され（対流運動）、これが地球全体の磁場を作り出している。また内核の回転も、外核の流動に影響を与える可能性があり、回転速度や方向の変化が、磁場の強さや方向を変える一因と考えられている。

陽は絶え間なく爆発を続ける巨大な水素爆弾のようなものです。

地球の磁場が及ぶ宇宙空間の範囲を地球磁気圏と呼び、太陽や宇宙空間からやってくるプラズマを防ぐバリアの役割を果たしています。太陽からは、爆発の結果生じた電子や陽子などの荷電粒子が「太陽風」として地球に飛来します。

太陽風の粒子は地球の北極や南極に引き寄せられ、大気中の窒素や酸素の原子・分子と衝突します。この衝突により、大気粒子が高エネルギー状態（励起状態）に変化します。励起状態は不安定なため、余分なエネルギーを光として放出して元の状態（基底状態）に戻ります。この光がオーロラとして観測されるのです。

オーロラの色や形は、衝突する荷電粒子のエネルギー、大気粒子の種類や濃度、励起状態のエネルギーなどによって複雑に変化します。また、太陽の爆発強度は約一一年周期で変動するため、太陽活動が活発な時期にはオーロラも強くなります。

磁気嵐とその影響

15／情報通信研究機構（NICT）は、太陽フレアの発生を予測する宇宙天気予報を提供している。この予報は、太陽表面の黒点観測や電波望遠鏡による電波強度測定、太陽風の観測衛星データなどを基に、フレアの発生確率や規模、地球への到達時間を予測する。これにより、航空会社は極域ルートの変更、電力会社は送電網の調整など、フレアによる被害を軽減するための事前対策を講じることができるとされている。

太陽活動が活発になり、太陽の表面で大規模な爆発「フレア」が発生すると、放出された粒子によって地球上では磁気嵐が発生し、激しいオーロラが観測されます。

現代社会では、大規模な太陽フレアが発生すると様々な影響が出ます。電子機器や通信システムは磁気の影響を受けやすく、広範囲で故障や誤作動が発生する恐れがあります。特にインターネットは現代社会の基盤となっているため、通信障害によって社会的混乱が生じる可能性があります[15]。

また、磁気嵐によって発電所や送電網が影響を受けると、大規模な停電が発生し、交通機関やライフラインにも深刻な被害が及ぶでしょう。医療機関や金融システムなど、電力に依存した重要なインフラが機能不全に陥る危険性もあります。

さらに、地球は巨大な磁石ですが、この磁場も永遠に続くわけではありません。過去には、地球の磁場が逆転する現象が何度も起きており、その際には磁場が弱まる期間が存在します。また、地球内部の核の活動の変化や、小惑星の衝突などによっても、地球の磁場は大きく変動する可能性があります。磁場が弱まると、太陽風や宇宙線から地球を守るバリアが弱まり、地球上の生命体にも影響を及ぼす可能性があります。

現代社会が太陽活動の影響に対して脆弱であることを認識し、対策を講じることが重要です。電子機器や通信システムの耐性を高め、バックアップ体制を整備するなど、事前の準備が求められます。また、太陽活動の監視と予測技術を向上させ、早期警戒体制を確立することも必要不可欠です。

磁気の消失と文明の崩壊

このように、地球の磁場は、太陽活動や地球内部の活動など、様々な要因によって変動し、さらには消失する可能性も秘めています。

他にも、核兵器の使用も、その一因となる可能性があります。核爆発によって発生する強力な電磁パルス（ＥＭＰ）は、広範囲の電子機器を破壊し、社会インフラを麻痺させる可能性があります。電磁パルスとは、核爆発などによって発生する瞬間的な電磁波のことで、そのエネルギーは電子機器の回路を焼き

16／核爆発と同様の原理で強力な電磁パルスを発生させ、電子機器を破壊する兵器に、電子パルス（ＥＭＰ）爆弾がある。放射性物質を発生させないため、「クリーンな核兵器」とも呼ばれるが、その被害は甚大で、社会機能全体を麻痺させる可能性がある。

切るほど強力です。[16]

仮に地球の磁場が完全に消失したら、磁気記録は消滅し、電子機器は使用不能になり、現代文明は計り知れない打撃を受けるでしょう。地磁気は太陽風や宇宙線から地球を守るバリアですから、それがなくなることで、地球上の生命体にも深刻な影響が及ぶ可能性があります。

私たちの文明は、地球の磁場という目に見えない力に支えられていることを忘れてはなりません。磁場の消失はＳＦのような話ではなく、現実的な脅威として認識する必要があるのです。一〇〇〇年後の人々が、私たちの文明を「磁場を失い、滅びた文明」として振り返ることのないようにしたいものです。

参考文献

『「食品の科学」が一冊でまるごとわかる』（齋藤勝裕著、ベレ出版、二〇一九）
『炭素はすごい なぜ炭素は「元素の王様」といわれるのか』（齋藤勝裕著、SBクリエイティブ、二〇一九）
『日本刀 技と美の科学』（齋藤勝裕著、秀和システム、二〇二〇）
『脱炭素時代を生き抜くための「エネルギー」入門』（齋藤勝裕著、実務教育出版、二〇二一）
『図解 身近にあふれる「栄養素」が3時間でわかる本』（齋藤勝裕著、明日香出版社、二〇二一）
『セラミックス驚異の世界』（齋藤勝裕著、C&R研究所、二〇二一）
『世界を大きく変えた20のワクチン』（齋藤勝裕著、秀和システム、二〇二一）
『よくわかる 最新 高分子化学の基本と仕組み』（齋藤勝裕著、秀和システム、二〇二一）
『ビジュアル「毒」図鑑 250種』（齋藤勝裕著、秀和システム、二〇二二）
『「毒と薬」のことが一冊でまるごとわかる』（齋藤勝裕著、ベレ出版、二〇二二）
『「原子力」のことが一冊でまるごとわかる』（齋藤勝裕著、ベレ出版、二〇二三）

著者

齋藤勝裕（さいとう・かつひろ）

1945年5月3日生まれ。
1974年、東北大学大学院理学研究科博士課程修了、現在は名古屋工業大学名誉教授。理学博士。専門分野は有機化学、物理化学、光化学、超分子化学。

主な著書として、「絶対わかる化学シリーズ」全18冊（講談社）、「わかる化学シリーズ」全16冊（東京化学同人）、「わかる×わかった！化学シリーズ」全14冊（オーム社）、『マンガでわかる有機化学』『料理の科学』（以上、SBクリエイティブ）、『「量子化学」のことが一冊でまるごとわかる』『「発酵」のことが一冊でまるごとわかる』（以上、ベレ出版）、『図解 身近にあふれる「化学」が3時間でわかる本』（明日香出版社）など、200冊以上。

歴史は化学が動かした　人類史を大きく変えた12の素材

2024年7月23日 初版発行
2024年8月20日 第4刷発行

著者　齋藤勝裕
発行者　石野栄一
発行　明日香出版社
〒112-0005 東京都文京区水道2-11-5
電話 03-5395-7650
https://www.asuka-g.co.jp
装丁　菊池祐
装画　米村知倫
組版　田中まゆみ
校正　遠藤励起
印刷・製本　シナノ印刷株式会社

ISBN 978-4-7569-2339-4